科普知识大百科·生活百科卷

应急避险

本书编委会　编

中国书籍出版社
China Book Press

《科普知识大百科·生活百科卷》编审委员会

本书编委会

序

科学普及和科技创新，犹如"车之两轮，鸟之双翼"，两者相互促进，相互影响，缺一不可。习近平总书记强调，科学普及的重要性不亚于科技创新，要把抓科普工作与抓科技创新放在同等重要的位置。据中国科协组织的公民科学素质调查显示，我国具备基本科学素质公民的比例从 2005 年的 1.60% 提高到了 2010 年的 3.27%。2013 年 12 省市抽样调查结果显示，我国公民的科学素质整体水平达到了 4.48%，2015 年全国水平将超过 5%。"十三五"全民科学素质工作的主要目标就是实现 2020 年我国公民具备基本科学素质的比例达到 10%，为实施创新驱动发展战略、全面建成小康社会提供有力支撑，要实现这一目标，科普工作依然任重道远。

科协是科普工作的主要社会力量，在公民科学素质建设中发挥着牵头引领作用。多年以来，濮阳市科协积极履行科普职责，丰富科普内容，创新科普手段，广泛开展群众性、社会性、经常性科普活动，打造了基层科普行动计划、龙都科普大讲堂、8800110 科技服务热线等品牌科普活动，树立了科协组织鲜明的社会形象。《科普知识大百科——生活百科卷》

是濮阳市科协拓展和深化科普工作的一项最新成果，将在科学与公众之间搭起一座桥梁，让科技知识与广大公众的生活更加密切地结合起来。

《科普知识大百科——生活百科卷》包括生活休闲、居家常识、交通出行、应急避险、健康饮食、育儿百科等6个分册，分层次详细介绍了各领域常见问题，提出了有针对性的应对办法。该丛书非常注重受众需求，采用了方便携带的口袋书形式，内容注重与公众关注的热点结合，语言幽默风趣、通俗易懂，融知识性、趣味性和可读性为一体，为公众科学健康生活提供了有益的参考。

值此《科普知识大百科——生活百科卷》面试之际，谨向濮阳市科协表示祝贺！相信该书的出版发行，将为濮阳市科协科普工作谱写新的篇章，为提供公民科学素质注入新的动力。希望濮阳市科协一如既往，再接再厉，为推动新时期河南科普工作创新发展作出更大贡献！

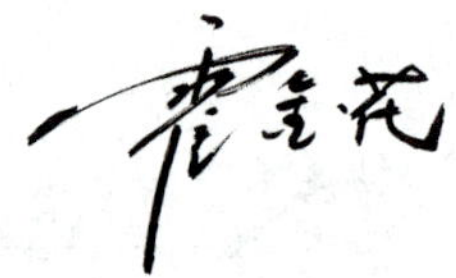

2015年8月

目 录

第一章 紧急呼救

第二章 电、气、水事故

第三章　中毒事故

第四章　交通事故

第五章 安全生产

第六章 煤矿安全

第七章 非煤矿山企业安全

第八章　职业危害

第九章　水上安全

第十章　小学生安全

第十一章 传染性疾病

第十二章 气象与地质灾害

第十三章　非法侵害事件

第十四章　公共场所突发情况

第十五章　动物疫情

第十六章 特殊伤害

第十七章 急救常识

第一章　紧急呼救

1　如何拨打 110 报警服务电话?

公民发现刑事、治安案(事)件及危及公共与人身财产安全、工作学习与生活秩序的案(事)件时,及时报警是应尽的义务。发现斗殴、盗窃、抢劫、强奸、杀人等刑事、治安案(事)件,应及时报警。若情况危急,无法及时报警,则应在制服犯罪嫌疑人或脱离险情后,迅速报警。发现溺水、坠楼、自杀,老人、儿童或智障人员、精神病患者走失,公众遇到危难孤立无援,水、电、气、热等公共设施出现险情,均可免费拨打 110 报警。报案时请讲清案发时间、方位、您的姓名及联系方式。如对案发地不熟悉,可提供现场附近具有明显标志的建筑物、大型场所、公交车站、单位名称等。报警后,要保

护好现场，以便民警到现场后提取物证、痕迹。遇到刑事案件时，应首先保护好自身安全。实施正当防卫时，应避免防卫过当行为。谎报警情或恶意滋扰110的行为，要受到法律惩处。

2 如何拨打119火警报警电话？

公民发现火情及时报警，是应尽的义务。任何单位、个人都应无偿为报警提供方便。拨打119免费电话时，必须准确报出详细地址(街、路、门牌号码)，如果不知道失火地址，尽可能地说清楚周围明显的标志，如建筑物等，并留下电话及姓名，以便消防人员进行联系。并尽量讲清楚起火部位、着火物资、火势大小、是否有人被困等情况。同时，应派人在道路两旁或交叉路口迎接消防车，以便消防车尽快到达起火地点，并设法在消防车到达现场前避免火势扩大蔓延。扑救时要注意自身安全。

谎报警情或恶意滋扰119的行为，要受到法律惩处。

3 如何拨打122交通事故报警服务电话？

公民在发生交通事故或交通纠纷时，可以免费拨打122或

110 报警电话。拨打 122 或 110 时，必须准确报出事故发生的地点及人员损伤情况。双方认为可以自行解决的事故，应把车辆移至不妨碍交通的地点，协商处理；其他事故，需变动现场的必须标明事故现场位置，把车辆移至不妨碍交通的地点；应记下肇事车辆的车牌号，如没看清车牌号，应记下车辆的型号、颜色等主要特征。交通事故造成人员伤亡时，应立即拨打 120 急救求助电话，同时不要破坏现场和随意移动伤员。

4 生产经营单位发生安全生产事故如何报告？

生产经营单位发生事故后，事故现场有关人员应当立即向本单位负责人报告；单位负责人接到报告后，应当于 1 小时内向事故发生地县级以上人民政府安全生产监督管理部门和负有安全生产监督管理的有关部门报告。情况紧急时，事故现场有关人员可以直接向事故发生地县级以上人民政府安全生产监督管理部门和负有安全生产监督管理职责的有关部门报告。安全生产监督管理部门和负有安全生产监督管理职责的有关部门应当逐级上报事故情况，每级上报的时间不得超过 2 小时。并通知公安机关、劳动保障行政部门、工会和人民检察院，上报同级人民政府。必要时，安全生产监督管理部门和负有安全生产监管职责的有关部门可以越级上报事故情况。报告事故应当包括下列内容：(1) 事故发生单位的概况;(2)事故发生的时间、地点及事故现场情况;(3)事故的简要经过;(4)事故已经造成或者可能造成的伤亡人数(包括下落不明人数)和初步估计的直接经济损失;(5)已经采取的措施以及其他应当报告的情况。事故报告后出现新情况的,应当及时补报。

5 如何拨打120医疗急救求助电话?

公民需要医疗急救服务时,可拨打120免费急救求助电话。接通电话后,应说明病人所在方位、年龄、性别和病情。若不知道确切的地址,应说明大致方位,如在哪条大街、哪个方向等。并尽可能说明病人典型的发病表现,如胸痛、意识不清、呕血、呕吐不止、呼吸困难等。尽可能说明病人患病或受伤的时间。若意外受伤,要说明伤害的性质,如触电、爆炸、塌方、溺水、火灾、中毒、交通事故等,并报告受害人受伤的部位和情况。尽可能说明您的特殊需要,了解清楚救护车到达的大致时间,准备接车。

6 如何拨打海上遇险报警电话?

沿海近岸和内河船舶通过手机报警是最直接的方式。

船舶遇险后可拨打的方式:(1)拨打12395。中国海上搜救中心在我国沿海和长江、珠江、黑龙江沿线的主要城市都开通了水上专用报警电话"12395",可直接拨打,不需加区号。(2)拨打水上搜救值班电话。当地水上搜救机构或海事机构实行24小时值守,值班电话通过网站或其他方式对外公布。如误报警应及时取消报警。恶意报警将承担相应的法律和经济责任。报警时,应尽可能说明以下内容:(1)船名、联系方式和救助需求;(2)险情种类、险情发生的时间和地点;(3)遇险人数及伤亡情况。如果条件允许要进一步报告以下内容:水域污染情况;船舶碍航情况;事发现场的气象、海况信息,包括风力、风向、流向、潮汐、水温、浪高等;载货情况,特别是危险货物、货物的名称、种类、数量;事发直接原因、已采取的措施和救助请求;船舶的主要尺寸、所有人、经营人等。

7　紧急呼救的方法有哪些?

"紧急呼救"在现代生活中占有十分重要的地位。无论哪个国家、哪个城市的公共电话号码簿上,占据首页、醒目处的,均为该国、该城市的紧急呼救电话号码。各国、各地的通讯体系,都可免费拨打呼救号码。在发生紧急情况时,还可以采取以下四种方法进行呼救:(1)大声呼喊。在遇到火灾、

爆炸、河堤决口、山崩塌方、歹徒行凶等险情时，大声呼喊，往往可以使附近人员及时发现遇险者。(2)使用染色剂联络。在江河、湖泊、大海及山涧溪流，可用一种染色剂联络。此种染色剂粉撒在水中呈蓝翠绿色，在阳光下发荧光，飞机可以在7公里以外看见。(3)制作地面标志。在开阔的草地、海滩、沙漠及雪地上，可制作地面标志，如将青草割制成标志或将树木、海草拼成一定标志，也可在雪地上踩出标志，与空中取得联系。(4)夜间可使用火焰联络。烟火发出的火焰明亮异常；手电、油灯等虽可见距离不远，但使用时间长，也便于营救人员发现。白天可在火堆上放些青苔、树枝让其多冒烟，会更为醒目。

8 遇到紧急情况如何设置求救信号？

遇到紧急情况，合理设置求救信号，对有效实施救援有重要作用。遇险求救信号一般有六种：(1)火光信号。燃放三堆火焰。火堆摆成三角形，每堆之间间隔相等。保持燃料干燥，一旦有飞机经过，尽快点燃求助。尽量选择在开阔地带点火。(2)浓烟信号。在火堆中添加青草、树叶、苔藓或者蕨类物产生浓烟。潮湿的树枝、草席、坐垫可熏烧更长时间。(3)旗语信号。将一面旗子或一块色泽亮艳的布料系在木棒上挥动。左侧长画，右侧短画，做“8”字形运动。(4)声音信号。三声短,三声长,再三声短,间隔一分钟后重复。(5)反光信号。利用镜子、罐头盖、玻璃、金属等反射光线。持续的反射将产生一条长线和一个圆点,引人注目。(6)信息信号。将碎石或树枝摆成箭头形,指示方向。用两根交叉的木棒或者石头表明此路不通。用三块石头、木棒或灌木平行或竖立摆放表示危险或紧急。

9 水上遇险报警和求助的方式有哪些?

沿海小型船舶最常见的是利用甚高频无线电话(VHF)、卫星应急无线电示位标(EPIRB)、甚高频数字选择性呼叫(VHFDSC)以及移动电话向附近船只、航空器或岸上发出求救信号。内河船舶通常使用移动电话和甚高频无线电话进行遇险报警。一般由船长作出险情判断并下令报警。此外,水上遇险还可以通过发射烟火信号、晃动或闪烁手电筒等方式向近距离的船只或人员报警求救。报警求救可使用下列信号:(1)用号笛、号钟或者其他任何有效鸣笛器连续发出急促短声。(2)用无线电报或者其他通信方法发出莫尔斯码

组...—...(SOS)的信号。(3)用无线电话发出“求救”或者“梅代”(MAYDAY)的语音信号。(4)在船上燃放火焰(晚上)或浓烟(白天)。(5)人力船、货帆船遇险时,若在白天,可摇红光灯或红光手电筒。

第二章　电、气、水事故

10 家中突然停电如何应对?

家中突然停电可能会损毁电器，并直接影响人们的日常生活。首先应利用手电筒等照明工具，检查内部配电开关、漏电保护器是否跳开；室内有焦糊味、冒烟和放电等现象，应立即切断所有电源，以免发生火灾；保险丝熔断，应及时更换，但不能用铜、铁、铝丝代替。因电线老化造成停电事故，应尽快报告有关部门更换。发现不是室内原因造成停电应及时与物业管理人员联系。家中应备有蜡烛、手电筒等应急照明光源，并放在固定的位置。

11 地铁突然停电怎么办?

当乘客在地铁里遭遇到照明系统停电时,首先应保持冷静,切勿惊慌,因为在停电发生后地铁的应急照明系统会立即启动,在等待工作人员进行广播解释和疏散前,应原地等候,不要随便走动。如果乘客在站台候车时遭遇停电,应听从地铁工作人员的指挥,按照站台内的疏散指示标志,安全有序地撤离至地面。如果列车在隧道中运行时遭遇列车动力电源停车,此时乘客千万不可扒门、拉门,自作主张离开列车车厢进入隧道,应耐心等待救援人员到来。需要疏散乘客时,救援人员应打开无接触轨一侧的车门,并悬挂临时梯子,乘客应按照救援人员的指挥有序地下到隧道中并向指定的车站或方向疏散。乘客不必担心在隧道里行走看不清路,停电一旦发生,除了引路的工作人员,每隔一段路还会有工作人员手执照明灯为乘客引路,乘客还可以利用自己的手机等随身物品取光照明。如无其他意外发生,停电时一般不要拉动报警装置。在隧道内行走时要小心脚下,以免摔伤或被障碍物碰伤。乘客疏散过程中受伤时,请及时与抢救人员取得联系等候救治。

12 电梯出现故障怎么办?

电梯是高层建筑中重要的运载工具,一旦出现故障,如乘客被困、坠落,极易造成乘客恐慌及其他危险事故。电梯速度不正常,应两腿微微弯曲,上身向前倾斜,以应对可能受到的冲击;被困电梯内,应保持镇静,立即用电梯内的警铃、对讲机或电话与管理人员联系,等待外部救援,如果报警无效,可以大声呼叫或间歇性地拍打电梯门;电梯停运时,不要轻易扒门爬出,以防电梯突然开动;运行中的电梯进水时,应将电梯开到顶层,并通知维修人员;如果乘梯途中发生火灾,应将电梯就近楼层停梯,并迅速利用楼梯逃生。发生地震、火灾、电梯进水等紧急情况时,严禁使用电梯,应改用消防通道或楼梯。

13 如何应对燃气使用过程中的煤气中毒、火灾和爆炸等事故?

在空气流通不畅的室内使用燃气热水器,随意拆改室内燃

气设备，以及在燃气调压站、调压箱、燃气井盖附近使用明火、燃放烟花爆竹，都容易引起煤气中毒、火灾和爆炸等严重事故。发现燃气泄漏时，应立即切断气源，迅速打开门窗通风换气。但动作应轻缓，避免金属猛烈摩擦产生火花引起爆炸。燃气泄漏时，不要在室内停留，以防窒息、中毒。液化气罐着火时，应迅速用湿润的毛巾、被褥、衣物扑压，并立即关闭液化气罐阀门。使用燃气器具时，要时常用肥皂水刷沾燃气的管道接口处、开关、软管、阀门，观察有无气泡产生，检查燃气是否泄漏。如发现火焰是黄色，说明燃烧异常，这时一定要开窗通风。若家中长期无人居住，应关闭自用燃气阀门，并给物业或房管部门留下联系方式。液化气罐中的残渣不能随意处理，以免引起火灾。不要使用国家已明令禁止的直排式燃气热水器。

14 发生供水事故如何应对?

自来水厂出现运行故障、输送水管发生爆裂，以及不可预测的外力破坏等因素，均可造成停水事故。水管爆裂后，不仅会损失宝贵的水资源，造成局部停水，还会引发道路塌陷等其他灾害。停水后应立即关掉水龙头，防止来水后造成跑水事故。发生水管爆裂后，应立即向有关单位报告水管爆裂的准确地点，同时设法关闭供水总阀门。发生爆管事故后，市民应远离事故现场，以免妨碍抢修工作的正常进行。

遇到突然停水不要惊慌，供水部门会在短时间内向市民说明停水原因，并及时解决。来水后，需要打开水龙头适当放水，待管道内的残水及杂质冲放干净后再使用。

15 饮用水发生污染怎么办？

水源污染、管网污染、二次供水污染等各种因素，都能导致饮用水出现致病病菌或有毒、有害物质。当自来水或饮水机的桶装水颜色浑浊、有悬浮物、有异味或水温出现明显异常时，很可能发生了水污染。自来水出现问题时，应立即停止使用，及时向卫生监督部门或疾病预防控制中心报告情况，并告知居委会、物业部门和周围邻居停止使用。不慎饮用了被污染的水，要密切关注自己身体有无不适。如果出现异常，应立即到医院就诊。接到管理部门有关水污染问题被解决的正式通知后，才能恢复使用自来水。发现饮用水受到污染，要用干净的容器取 3 至 5 升水作为样本，请卫生防疫部门作出检查鉴定，并进行处理。不要自行改装自来水管道。饮水机要定期清理和消毒。

16 家庭发生火灾怎么办？

家庭火灾一般是由于人们疏忽大意造成的，常常事发突

然，会令人猝不及防，后果严重。炒菜油锅着火时，应迅速盖上锅盖灭火，同时迅速关闭火源。如果没有锅盖，可将切好的蔬菜倒入锅内灭火，切忌用水浇，以防燃着的油溅出来，引燃厨房中的其他可燃物。电视机起火时，先切断电源，再用湿棉被或湿衣物将火压灭，灭火时要特别注意从侧面靠近电视机，以防显像管爆炸伤人；酒精火锅添加酒精时突然起火，千万不能用嘴吹，可用茶杯盖或小菜碟等盖在酒精罐上灭火；液化气罐着火，除可用浸湿的被褥、衣物等捂压外，还可将干粉或苏打粉用力撒向火焰根部，在火熄灭的同时用湿毛巾保护手部及时关闭阀门。需要注意的是，如果液化气阀门烧毁不能关闭，切忌将罐口火焰打灭，以免引起爆炸，要将罐移至相对安全的部位，用水冷却罐体，等待消防人员处置。逃生时，应用湿毛巾捂住口鼻，背向烟火方向迅速离开。逃生通道被切断、短时间内无人救援时，应关紧迎火门窗，用湿毛巾、湿布堵塞门缝，用水淋透房门，防止烟火侵入。开启临街窗户，白天用脸盆等物敲打呼救，夜间用手电光晃动呼救。平时家中无人时，应切断电源、关闭燃气阀门。不要卧床吸烟，乱扔烟头。不要围观火场，以免妨碍救援工作，或因爆炸等原因受到伤害。家庭应备火灾逃生“四件宝”：家用灭火器、应急逃生绳、简易防烟面具、手电筒，并将它们放在随手可取的地方。

17 高层楼房发生火灾如何处置?

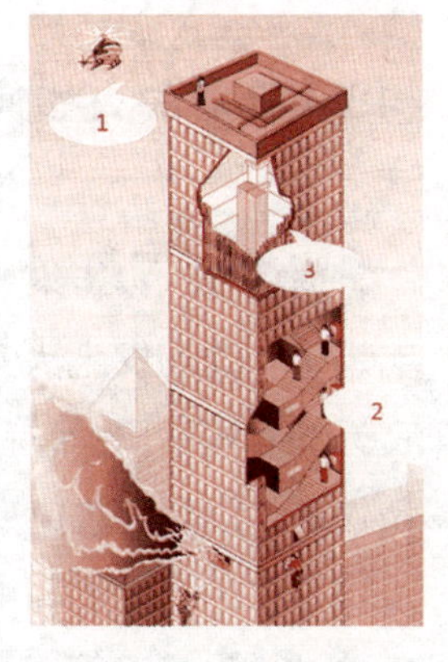

高层建筑楼道狭窄、楼层高,发生火灾不易逃生,救援困难,甚至常因人员拥挤阻塞通道,造成互相踩踏的惨剧。火灾发生时应及时扑救。可利用各楼层的消防器材扑灭初期火灾。高楼失火因火势向上蔓延,应用湿棉被等物品作掩护迅速向楼下撤离。离开房间以后,一定要随手关门,使火焰浓烟控制在一定空间内。要注意防烟,用湿毛巾等物品掩住口鼻,保持低姿势前进,呼吸动作要小而浅。带婴儿逃离时,可用湿布轻轻蒙在婴儿脸上。要理性逃生,当通道被火封住,欲逃无路时,可靠近窗户或阳台呼救,同时关紧迎火门窗,用湿毛巾、湿布塞门缝,用水淋透房门,防止烟火侵入。要靠墙躲避,因为消防人员进入室内救援时,大都是沿墙壁摸索前行的。发生火灾时,火场的能见度非常低,保持镇静、不盲目行动是安全逃生的重要前提。因为供电系统会随时断电,所以千万不要乘电梯逃生。等待救援时应尽量在阳台、窗口易被发现的地方。不要轻易跳楼,只有在准备好救生气垫或楼层不高的情况下,或

者如不跳楼就会丧命的情况下，才能采取此方法。公共通道平时不要堆放杂物，否则既容易引起火灾，也会妨碍火灾时的逃生及救援。

18 商场失火如何逃生?

商场是人员密集场所，一旦发生火灾，极易引起恐慌，影响逃生。商场发生火灾，被困人员要想逃离现场，必须要有良好的心理素质，保持镇静，不要惊慌，利用一切可以利用的条件逃生。要随机应变，就地取材，自制器材逃生。将毛巾、口罩捂住口、鼻子，可将其当成防烟工具。利用绳索、布匹、床单、地毯、窗帘等来开辟逃生通道。有些商场经营各种劳动保护用品，如安全帽、摩托车头盔、工作服等，可用来避免烧伤和落物砸伤。被困人员要听从工作人员的指挥，有序疏散，切忌互相拥挤、乱跑乱窜，堵塞疏散通道，影响疏散速度。疏散时，要尽量靠近承重墙或承重构件部位行走，以防坠物砸伤。在逃生过程中，一旦人们蜂拥而至，极易造成安全出口堵塞，使人员无法顺利通过而滞留火场。这时要克服盲目从众心理，如发现出口堵塞应果断放弃从安全出口逃生的想法，选择破窗而出等其他逃生措施。要增强防范意识，进入陌生场所应该先了解安全出口、疏散通道、楼梯间位置及是否关闭、是否上锁，查看消防栓、缓降机、救助袋等各项灭火、逃难器材的位置。

19 汽车发生火灾怎么办?

汽车失火不仅威胁乘车人员的生命安全,毁坏车辆,而且会严重影响交通秩序。公共汽车失火时,司售人员要果断采取自救、防护和逃生措施,保障乘客的生命和财产安全。汽车发动机起火,应迅速停车,切断电源,用随车灭火器对准着火部位灭火;车厢货物起火,应立即将汽车驶离重点要害地区或人员集中场所,并迅速报警,同时用随车灭火器扑救,周围群众应远离火场,以免发生爆炸时受到伤害;汽车加油过程中起火,应立即停止加油,疏散人员,并迅速将车开出加油站(库),用灭火器及衣物等将油箱的火焰扑灭,地面如有溢洒的燃料着火,应立即用库区灭火器或沙土将其扑灭;汽车在维修中起火,应迅速切断电源,及时扑灭;汽车被撞后起火,先设法救人,再进行灭火;公共汽车在运营中起火,应立即开启所有车门,让乘客有秩序地下车,同时迅速用随车灭火器扑灭火焰。若火焰封住了车门,乘客可用衣物蒙住头部,从车门冲下,或砸碎车窗玻璃逃

生。乘客不准携带易燃、易爆等危险品乘坐公共交通工具。应随车配备灭火器，并学会正确使用。

20 人员密集场所发生火灾怎么办？

酒店、影剧院、超市、体育馆等人员密集场所一旦发生火灾，常因人员慌乱、拥挤而阻塞通道，发生互相踩踏的惨剧，或由于逃生方法不当，造成人员伤亡。在这些场所发现初起火灾，应利用楼层内的消防器材及时扑灭。火势蔓延时，要保持头脑清醒，千万不要惊慌失措，盲目乱跑，应用衣物遮住口鼻，放低身体姿势，浅呼吸，快速、有序地向安全出口撤离。尽量避免大声呼喊，以防有毒烟雾进入呼吸道。离开房间后，应关紧房门，将火焰和浓烟控制在一定的空间内。有条件的，利用建筑物阳台、避难层、室内设置的缓降器、救生袋、应急逃生绳等进行逃生，或将被单、台布结成牢固的绳索，牢系在窗栏上顺绳滑至安全楼层。逃生无路时，应靠近窗户或阳台，关紧迎火门窗，向外呼救。人员密集场所的安全门或非常出入口都有明显标志，平时应加留心。下榻宾馆、酒店后，应特别留心服务方提供的火灾逃生通道图，或自行了解安全出口的方位。火灾发生时，千万不要乘电梯逃生。逃生时千万不要拥挤。

21 森林发生火灾如何应对？

森林火灾烧毁森林的动植物资源，破坏生态环境，导致水土流失，经济损失巨大，甚至造成人员伤亡。发现森林火灾，应立即向当地村、机关、企事业单位呼救或向当地政府森林防火指挥部报告，在有关部门的统一组织和指挥下参加扑救，严禁单独行动。在山高坡陡、地形复杂、风向多变的特殊条件下，夜间对火场原则上围而不打，应组织开设防火隔离带间接扑打。千万不要进入三面环山、鞍状山谷、狭窄草塘沟、窄谷、向阳山坡等地段直接扑打火头。陷入危险环境，要迅速进入火烧迹地避火，无法突围时要选择在植被少、火焰低的地区扒开浮土直到见到湿土，把脸放到小坑里面，用衣物包住头，双手放在身体正面，避开火头。要加强对森林防火的宣传教育，平时不要在林内的坟场、庙外烧香烛纸钱、燃放烟花爆竹，进行祭奠时应当采取送鲜花、栽纪念树等文明、生态的方式。加强对小孩、老人和痴、呆、傻以及精神病人等特殊人群的监护，防止弄火成灾。不得动员和组织残疾人员、孕妇、老人和未成年人参加森林扑火。扑救森林火灾时，应事先选择好避火安全区和撤退路线，以防不测。

第三章 中毒事故

22 如何应对食物中毒事故?

食物中毒通常指吃了含有有毒物质或变质的肉类、水产品、蔬菜、植物或化学品后，感觉肠胃不舒服，出现恶心、呕吐、腹痛、腹泻等症状，共同进餐的人常常出现相同的症状。严重的会造成人员伤亡。食物中毒可分为细菌性、真菌性、化学性食物中毒。出现食物中毒症状或者误食化学品时，应及时用筷子或手指伸向喉咙深处刺激咽后壁、舌根进行催吐。在中毒者意识不清时，需由他人帮助催吐，并及时就医。了解一同就餐的人有无异常，并告知医生。及时向当地卫生防疫部门反映情况。在日常生活中，不吃不新鲜或有异味的食物。不要自行采摘蘑菇、鲜黄花或不认识的植物食用。扁豆一定要炒熟后再吃，不吃发芽的土豆。从正规渠道购买食用盐、水产品及肉类食品。生熟食物要分开存放，水产品及肉类食品应做熟后再吃。不要用饮料瓶盛装化学品，存放化学品的器皿应该有明显的标志，并放在隐蔽处，以免儿童辨识不清而饮用。发生食物中毒后应尽可能留取食物样本或者保留呕吐物和排泄物，供化验使用。抢救食物中毒病人，时间是最宝贵的。从时间上判断，化学性食物中毒和动植物毒素中毒，自进食到发病是以分钟计算的；生物性（细菌、真菌）食物中毒，自进食到发病是以小时计算的。必须立即送医院抢救，不要自行乱服药物。

23 煤气中毒怎么办？

在密闭的居室里使用煤炉取暖、做饭，使用燃气热水器长时间洗澡而又通风不畅时，容易发生煤气中毒事故。煤气中毒后，人往往会头晕、恶心、呕吐、心慌、皮肤苍白、意识模糊，严重者会神志不清、牙关紧闭、全身抽搐、大小便失禁、面色口唇呈现樱红色、呼吸和脉搏增快。发生煤气中毒，应立即使病人脱离中毒环境，开窗通风并注意为病人保暖。病人需要安静休息，尽量减少心肺负担和耗氧量。要让有自主呼吸能力的病人充分

吸入氧气;对呼吸心跳停止的病人,立即采取心肺复苏法,并拨打急救电话呼救。应把病人送到有高压氧舱的医院,使病人尽早接受高压氧舱治疗,以减少后遗症。即使是轻症病人,也应这样做。要正确安装煤气取暖炉具,杜绝使用低劣的炉具和烟囱。

24 农药中毒怎么办?

大量接触或误服农药,人会出现头晕、头痛、全身无力、多汗、恶心、呕吐、腹痛、胸闷、呼吸困难等症状,如瞳孔明显缩小、嗜睡、肢体震颤抖动、肌肉纤维颤动、肌肉痉挛或癫痫样大抽搐、口中有金属味、有出血倾向等。中毒发生后,应立即切断毒源,脱离中毒现场。脱去被污染的衣物,用微温的肥皂水、稀释碱水反复冲洗体表 10 分钟以上(注意:敌百虫中毒时,不能使用碱性液体)。对昏迷的病人,应立即送医院,由医务人员为其洗胃。对神志清楚的中毒病人,需要用筷子或手指刺激咽喉呕吐。昏迷病人出现频繁呕吐时,救护者要将他的头放低,使其口部偏向一侧,以防止呕吐物阻塞呼吸道引起窒息。病人呼吸、心跳停止时,应立即实施长时间的心肺复苏法抢救,待生命体征稳定后,再送医院治疗。在农药生产车间等人员集中的地方发生煤气中毒事故,救助者应戴好防毒面具后才能进入现场,及时抢时间救人。救助者必须屏住呼吸冲进现场，快速把病人救出。病人或周围人应尽可能向医务人员提供引起中毒的农药的名称、剂型、浓度等，以便争取时间进行抢救。施洒农药时，人应站在风头处进行。

25 天生有毒会要人命的蔬菜有哪些？

（1）木薯。木薯含有的有毒物质为亚麻仁苦苷，如果摄入生的或半煮熟的木薯或喝其汤，都有可能引起中毒。其原因为亚麻仁苦苷或亚麻仁苦苷酸经胃酸水分解后产生游离的氢氰酸，从而使人体中毒。要防止木薯中毒，可在食用木薯之前去皮，用清水浸薯肉，使氰苷溶解。一般泡6天左右就可去除70%的氰苷，再加热煮熟，即可食用。（2）四季豆。四季豆含有亚硝酸盐和胰蛋白酶，刺激人体的肠胃，使人食物中毒，出现胃肠炎症状。为了防止出现四季豆中毒，一定要将四季豆煮熟。（3）十字花科类蔬菜。主要包括以下这些蔬

菜——白菜类:小白菜、菜心、大白菜、紫菜苔、红菜苔等;甘蓝类:椰菜、椰菜花、芥蓝、青花菜、球茎甘蓝等;芥菜类:叶芥菜、茎芥菜(头菜)、根芥菜(大头菜)、榨菜等;萝卜类;水生蔬菜类。在煮制此类菜时,可用沸水先焯一下再食用。(4)马铃薯。为了防止马铃薯中毒,我们可将马铃薯储藏在干燥阴凉的地方,防止其发芽。吃时,如果发现发芽或皮肉呈黑绿色时,最好不要食用。(5)未成熟的西红柿。它含有一种叫龙葵的有毒物质,食用后可出现恶心、呕吐、头晕、流涎等中毒现象。如果生吃危害更大。(6)无根豆芽。有的豆芽(特别是黄豆芽)在生产时使用了除草剂,使生长出来的豆芽粗壮而无根。除草剂中含有致癌等物质,而无根豆芽中就吸收了这种毒物。因此,这种无根豆芽不宜食用。(7)久存的老南瓜。含糖量高,并且由于储存的时间过久,易使瓜肉发生无氧醇解,并使瓜质改变,食用后不利于健康。(8)腐烂的姜。腐烂的生姜会产生一种很强的毒素——黄樟素,人吃后能引起肝细胞中毒,损害肝脏功能。因此,购买生姜时,要选新鲜、外形完整、无霉变和无腐烂变质的大块生姜。(9)新鲜木耳。新鲜木耳中含有一种叫做卟啉类的光线敏感的物质。人食用后,皮肤经光线的照射可以引起皮炎,出现瘙痒、水肿、疼痛,个别人还会因咽喉水肿而发生肺呼吸困难。因此,只有选购干木耳,水发后再食用才安全。(10)新鲜黄花菜。它含有一种秋水仙碱的剧毒物质,若食用,将发生中毒。中毒症状为恶心、腹泻、头痛、口渴,重者甚至出现昏迷。因此,新鲜的黄花菜一定要经过蒸煮、晒干后方可食用。(11)鲜蚕豆。有的人体内缺少某种酶,食用鲜蚕豆后会引起过敏性溶血综合症。症状为全身乏力、贫血、黄疸、肝肿大、呕吐、发热等,若不及时抢救,会因极度贫血而死亡。(12)腐烂蔬菜。在强菌作用下,腐烂蔬菜中的硝酸盐还原成亚硝酸盐。这种物质进入人体后,可使血液失去携带氧气的功能,造成人体缺氧,引起头痛、头晕、恶心、呕吐、心跳加快、抽筋等症状。(13)未腌透的咸菜。萝卜、雪里蕻、白菜等蔬菜中,含有一定数量的无毒硝酸盐。腌菜时由于温度渐高,放盐不足10%,腌制的时间又不到8天,造成细菌大量繁殖,使无毒的硝酸盐还原成有毒亚硝酸盐。但咸菜腌制9天以后,亚硝酸盐开始下降,15天后则安全无毒。

26 哪四类隔夜菜堪比毒药?

“隔夜菜”并不单指放了一夜的菜,放置时间超过8~10小时,就应该算隔夜了。而导致食物中有毒成分增加有两个方面的因素:第一是食物中的化学物质产生了致癌物,如亚硝酸盐,即使加热也不能去除;第二是放置时受到了外来细菌的二次感染。以下四种菜久置尤为有害。(1)绿叶菜隔夜最危险。通常茎叶类蔬菜硝酸盐含量最高,瓜类蔬菜稍低,根茎类和花菜类居中。因此,如果同时购买了大量蔬菜,应

该先吃叶菜类的，比如大白菜、菠菜等。如果准备多做一些菜第二天热着吃，应尽量少做茎叶类菜，而选择瓜类蔬菜。(2)隔夜海鲜损肝肾。螃蟹、鱼类、虾类等海鲜，隔夜后会产生蛋白质降解物，损伤肝、肾功能。如果实在买多了，可把生海鲜用保鲜袋或保鲜盒装好，放入冰箱冷冻，下次再烹调。(3)久放鸡蛋很危险。很多人爱吃蛋黄软软的半熟蛋，可是这种蛋杀菌不彻底，再加上鸡蛋营养丰富，格外容易滋生细菌，食用后会发生危险。如果蛋已熟透，而且低温密封保存得当，隔夜再吃也是没有问题的。(4)银耳蘑菇要当心。不论是野生的还是人工栽培的银耳、蘑菇等，都容易残留很多硝酸盐。如果放的时间实在有点久就只能忍痛扔掉。汤要避免放金属器皿里。热汤费时费力，人们往往熬一大锅，一连吃好几天。剩汤如果长时间盛在铝锅、铁锅内，会析出对人体有害的物质。存汤的最好办法是，汤里不要放盐之类的调味品，煮好汤用干净的勺子盛出当天要喝的，喝不完的最好用瓦锅或保鲜盒存放在冰箱里。

第四章　交通事故

27 发生行人交通事故如何处置?

行人交通事故中的弱者,极易受到伤害。行人与机动车发生事故后应立即报警,并记下肇事车辆的车牌号,等候交警前来处理。行人被机动车严重撞伤,驾车人应立即拨打110报警,并拨打120救助,同时检查伤者的受伤部位,并采取初步的救护措施,如止血、包扎或固定。应注意保持伤者呼吸畅通,如果呼吸和心跳停止,要立即进行心肺复苏法抢救。行人与非机动车发生交通事故后,在不能自行协商解决的情况下,应立即报警。遇到撞人后驾车或骑车逃逸的情况,应及时追上肇事者,或记下肇事车辆的主要特征。在受伤的情况下,应向周围群众求助,同时及时报警。发生重大交通事故时,伤者很可能脊椎骨折,这时千万不要翻动病人。如果不能判断脊椎是否骨折,也应该按脊椎骨折处理。需要特别注意:行人横过马路时,应走人行横道、过街天桥、地下

通道。过人行横道时还应先看左后看右，在确保安全的情况下迅速通过。行人不得跨越、倚坐道路隔离设施，不得扒车、强行拦车或实施妨碍道路交通安全的其他行为。学龄前儿童、精神病患者、智力障碍者出行应有人带领。严禁在机动车道上兜售物品、卖报纸、散发小广告等。不要在道路上打场、滑旱冰、踢足球等。

28 乘车发生意外事故怎么办?

乘车意外事故易造成群死群伤的严重后果。乘客在车内闻到烧焦物品的气味或看到不明烟雾时，要及时通知司售人员。司售人员有责任停车检查，将乘客疏散到安全区域，并做到有序撤离，同时照顾和保护老人、妇女和儿童。驾驶员停车时应在后面来车方向 50 米至 100 米处设置专用的警示标志。司售人员安排乘客免费换乘后续同路线、同方向车辆或者另调派车辆。乘坐公交车遇到火灾事故，乘客应迅速撤离，不要围观。公交车辆运行中，乘客如发现可疑物，应迅速告知司售人员，并撤离到安全位置，切勿自行处置。出现伤亡情况时应及时拨打急救电话。发生乘车意外事故，切忌惊慌、拥挤，应及时报警，并服从司售人员的指挥，积极开展自救、互救。不要让儿童在行驶的车内跑跳、打闹。

29 如何应对非机动车交通事故?

驾驶非机动车应在非机动车道内行驶,在没有非机动车道的道路上,应靠车行道的右侧行驶。非机动车不得进入高速公路行驶。非机动车与机动车发生事故后,非机动车驾驶人应记下肇事车的车牌号,保护好现场,及时报警。如伤势较重,要记下肇事车的车牌号并报警,求助他人标明现场位置后,及时到医院治疗。非机动车之间发生交通事故后,在无法自行协商解决的情况下,应迅速报警,并保护好事故现场。如当事人受伤较重,应求助其他人员,立即拨打 110 报警,并拨打 120 求助。非机动车与行人发生交通事故后,应及时了解伤者的伤势,保护事故现场并报警。如伤者伤势较重,应及时送医院救治。要特别注意:骑自行车时不要强行、猛拐、争道,不要在机动车道内行驶,不要接打电话。严格遵守交通信号,通过人行横道时,要注意避让行人。停车等信号时,不要超越停车线。拐弯时要伸手示意。通过铁路道口时,在火车到来前,自觉停在道口停止线或距道口最外侧铁路 5 米以外处。

30 机动车发生交通事故如何处置?

机动车交通事故是道路交通事故的主要组成部分。驾

驶机动车行驶时必须做到：依法取得机动车驾驶证，严格遵守机动车通行、载物、载客、行驶速度、停车等规定，服从交通警察指挥。发生交通事故后应立即停车，保护现场，开启危险报警闪光灯，并在来车方向 50 米到 100 米处设置警示标志。造成人员伤亡时，驾驶员应立即抢救受伤人员，并迅速报警。因抢救受伤人员而需变动现场时，应标明事故车辆和人员位置。在道路上发生交通事故，未造成人员伤亡仅造成了财产轻微损失、基本事实清楚的，当事人应先撤离现场，再进行协商处理。在日常行驶中，不要驾驶有机械故障的车辆上路。驾驶旅游车辆或在山区公路行驶时，要选派驾驶经验丰富的司机。禁止酒后驾车、无证驾车、驾驶中打扰司机，不要疲劳驾车。通过铁路道口时，要主动避让火车，坚决杜绝强行、闯行通过道口的行为。

31 在高速公路上发生交通事故怎么办?

高速公路上车辆行驶速度快,驾驶员的动态视力会降低,视野变窄,判断能力减退,平衡感觉也有所变化,容易发生交通事故。机动车在高速公路上发生事故后应立即停车,保护现场,拨打报警电话,清楚表达案发时间、方位、后果等,并协助交通警察调查。有死亡人员的交通事故应先救人,并立即拨打110。开启危险报警闪光灯,并在来车方向150米以外设置警示标志。车上人员迅速移动到右侧路肩上或者应急车道内。保护现场主要是指:标记现场位置,标记伤员倒卧的位置,保全现场痕迹物证,协助公安机关寻找证明人。任何人不得以任何理由破坏高速公路设施,以免造成事故隐患。

第五章 安全生产

32 造成安全生产事故的主要原因有哪些?

造成安全生产事故的主要原因有:(1)安全生产意识淡薄。有些人由于缺乏工作实践,对安全生产的认识较差,认为最重要的是学技术,掌握生产技术才是硬本领,而对学习安全生产技术则很不重视;有的人总是抱着侥幸心理,认为伤亡事故离自己十分遥远,不会落到自己头上。但是,血的教训告诉我们,安全意识淡薄是最大的隐患。(2)未经培训上岗,无知酿成悲剧。有的生产经营单位招聘了员工后,不进行厂、车间、班组三级安全等培训教育。员工未经安全生产、劳动保护培训就上岗,缺乏最基本的安全生产常识,冒险蛮干,违章作业,一旦发生事故,则惊慌失措,手脚忙乱,不知采取什么措施是正确的,头脑中一片空白,往往因此酿成悲剧。(3)违反安全生产规章制度导致事故。企业的安全生产规章制度是企业规章制度的一部分,是建立现代企业制度的重要内容,上至企业的厂长,下至企业最基层的员工都必须遵守,尤其是新员工更应该注意。新员工来到一个陌生环境,往往在好奇心的驱使下忘记了企业的安全生产规章制度,对什么东西都想动一动、摸一摸,往往会酿成工伤事故,使自己和他人受到伤害。(4)违反劳动纪律引起安全事故。一支不受纪律约束的军队,是一支没有战斗力的军队。一个不以严格的纪律要求员工队伍的企业,是一个缺乏市场竞争力的企业。血的教训一再告诉我们, 名不遵守劳动纪律的员工,往往是一起重大伤亡事故的责任者。员工违反劳动纪律的主要表现如下:上班前饮酒,甚至上班时饮酒;上班无故迟到,下班早退溜号;工作时间开玩笑,嬉戏打闹;不按规定穿戴工作服和个人防护用品;在禁烟区随意吸烟,乱扔烟头;不坚守岗位,随意串岗聊天;业余生活无规律,上班时无精打采,无视纪律,自由散漫,工作时精神不集中,思想开小差;不服从上级正确的调度指挥,自作主张随意更改规章。(5)违反操作规程十分危险。安全操作规程是人们在长期的生产劳动实践中,以血的代价换来的科学经验总结,是员工在生产操作中不得违反的安全技术规程。员工在生产劳动中如果不遵守安全操作规程,后果将十分严重,轻则受伤,重则丧命,所以每个员工都不可掉以轻心。员工违反安全操作过程的主要表现如下:(1)操作错误,忽视安全,未经许可或未给信号就开动、关停、移动机器,开关未锁紧造成意外转动、通电或漏电等,忘记关闭设备,忽视警告标志,奔跑作业,供料或送料速度过快，手伸进冲压模，工件紧固不牢，用压缩空气吹铁屑等。(2)拆除或错误调整安全装置，造成安全装置失效。(3)临时使用不牢固的设施，使用无安全装置的设备。(4)用手代替手动工具，用手清除切屑，用手拿工件进行机加工，物体（指成品、半成品、材料、工具、切屑和生产用品等）存放不当。(5)冒险进入危险场所，如冒险进入涵洞，接近漏料处，采伐、集材、运材、装车时未离开危险区，未经安全监察人员允许就进入油罐或井中，未敲帮问顶就开始矿井作业，在易燃易爆场合动用明火，私自搭乘矿车，在绞车道行走等。(6)攀、坐在不安全位置（如平台护栏、汽车挡板、吊车吊钩等），在起吊物下作业、停留，机器运转时加油、修理、调整、焊接、清扫等，有分散注意力的行为。(7)在必须使用个人防护用品用具的作业或场合中忽视其作用，如未戴护目镜或面罩，未戴防护手套，未穿安全鞋，未戴安全帽，未戴呼吸护具，未佩戴安全带等。(8)在使用设备时，穿戴不符合要求，如在有旋转零件的设备旁作业时穿过于肥大的服装，操纵带有旋转部件的设备时戴手套。

33 如何运用安全色确保安全？

在生产中所发生的灾害或事故，大部分是由于人为疏忽造成的。因此，企业有必要追究到底是什么原因导致人为疏忽并研究如何预防。其中,利用安全色是很有必要的一种手段。安全色的使用标准为:(1)红色。表示禁止、停止、消防和危险的意思。凡是禁止、停止和有危险的器件、设备或环境应涂以红色的标志。(2)黄色。表示注意,警告人们注意的器件、设备或环境涂以黄色的标志。(3)蓝色。表示指令及必须遵守的规定。(4)绿色。表示通行、安全和提供信息的意思。在可以通行或安全的情况下,应涂以绿色的标志。(5)红色和白色相间的条纹。比单独使用红色更加醒目,表示禁止通行、禁止跨越的意思,多用于公路、交通等方面所用的防护栏杆及隔离墩。(6)黄色与黑色相间的条纹。比单独使用黄色更为醒目,表示特别注意的意思,多用于起重吊钩、平板拖车排障器、低管道等方面。相间隔的条纹,两色宽度相等,一般为10毫米。在较小的面积上,其宽度可适当缩小,每种颜色不得少于两条,斜度一般与水平呈45度。在设备上的黄、黑条纹,其倾斜方向应以设备的中心线为轴,相互对称。(7)蓝色与白色相间隔的条纹。比单独使用蓝色更醒目,表示指示方向,用于交通上的指示性导向标。(8)对比色。白色标志中的文字、图形、符号和背景色以及安全通道、交通上的标线用白色。标示线、安全线的宽度不小于60毫米。(9)黑色。禁止、警告和公共信息标志中的文字、图形都适合用黑色。

34 如何运用安全标志确保安全？

(1)安全标志。安全标志是由安全色、边框和以图像为主要特征的图形符号或文字构成的标志，用以表达特定的安全信息。安全标志分为禁止标志、警告标志、命令标志和提示标志四大类。禁止标志，是禁止或制止人们做某个动作，其基本形式是带斜杠的圆边框；警告标志，其含义是促使人们提防可能发生的危险，基本形式是正三角形边框；命令标志，其含义是必须遵守的意思，基本形式是圆形边框；提示标志，其含义是提供目标所在位置与方向的信息，基本形式是矩形边框。(2)补充标志。补充标志是安全标志的文字说明，必须与安全标志同时使用。补充标志与安全标志同时使用时，可以连在一起，也可以分开。当横写在安全标志的下方时，补充标志的基本形式是矩形边框；当竖写时，补充标志则应写在标志的上部。(3)安全标志牌。安全标志牌需根据相关标准的基本图形制作。安全标志牌都应自带衬底色，用其边框颜色的对比色在边框周围勾一条窄边即为安全标志的衬底色。警告标志边框则用黄色勾边，衬底色最少宽 2 毫米，最多宽 10 毫米。有触电危险场所的安全标志牌，应当使用绝缘材料制作。安全标志牌应设在醒目的、与安全有关的地方，并使大家看到后有足够的时间来注意它所表示的内容；不宜设在门、窗、架等可移动的物体上，以免这些物体位置移动后，看不见安全标志。

35 如何开展好现场目视安全管理？

（1）设置安全标语和标语作业看板。企业应在工厂的各个地方张贴安全标语，提醒大家注意安全，降低意外事件的发生。企业还可以通过标准作业的看板，在大家作业时，能有一些安全示范，避免意外事件发生。（2）设置安全图片与标示。生产作业现场内，有些地方，如机器运作半径的范围内、高压供电设施的范围内、有毒物品的存放场所等，如果不小心的话，很容易发生事故，所以基于安全上的考虑，这些地方应被规划为禁区。大多数职工知道要远离这些禁区，但时间一长，警觉性就会降低，意外潜在的发生率则无形中在增加，所以企业要用目视的方法时时予以警示。第一，在危险地区的外围上，围一道铁栏杆，让人们即使想进入，也无路可走；铁栏杆上最好再标上如“高压危险，请勿走进”的警示文字。第二，若没办法架设铁栏杆，可以在危险的部位，漆上代表危险的红漆，让大家警惕。（3）画上老虎线。在某些比较

危险但人们又容易疏忽的区域或通道上画上“老虎线”(一条条黄黑相间的斑马线),借助人们对老虎的恐惧来提醒员工的注意,告诉员工现在已经进入“老虎”出没的地区,为了自身的安全,每个人都要多加小心。(4)设置限高标示。一是红线管理。假设厂房内搬运的高度设限是5米,在送道旁的墙壁上,从地面向上量起5米的地方,画上一条红线,让搬运人员目测判断,他所搬运的东西的高度是否超过了5米红线。二是设置防撞栏网。在通道设置防撞栏网,这个网的底部,距离地面的高度是5米。如果搬运的东西的高度超过5米,会先碰到这个栏网,但并不会损坏到所搬运的物品,这样一来,它会发出一个信号,让搬运的人很容易知道超高了,从而采取相应的措施。(5)设置易于辨识的急救箱。为了让每个人在发生事故需要用到急救箱时,能及时、准确地知道它放置的位置,企业应将急救箱放在一个固定、醒目的地方。急救箱上一般有一个很明显的红十字,一般人都知道它的含义。有了这个明显的标志,在需要用到它的时候,员工应该很容易识别出它。(6)对消防器材定位与标示。消火栓、灭火器等消防器材用到的机会比较小,很容易被人忽视。但需要时,每个人都应该知道它的准确位置。所以,企业应对这些消防器材加以管理,以备不时之需。具体可以采用以下目视方法:一是定位。为灭火器等消防器材找一个固定的放置场所,当意外发生时,员工可以立刻找到灭火器。如灭火器悬挂于墙壁上,当其重量超过18千克时,它的高度应低于1

米;当其重量在18千克以下时,它的高度不得超过1.5米。二是标志。工厂内的消防器材常被其他物品遮住,这势必延误取用的时机,所以,企业最好在放置这些消防器材的地方设立一个较高的标志看板,增加其能见度。三是禁区。消防器材前面的通道一定要保持畅通,才不会造成取用时的阻碍。所以,为了避免其他物品占用通道,在这些消防器材的前面,企业一定要规划出安全区,而且画上"老虎线",提醒大家共同来遵守安全规则。四是放大的操作说明。人通常是在非常紧急的时刻才会用到消防器材,这时人们难免会慌乱,而在慌乱的情况下,恐怕连如何使用这些消防器材都忘记了。所以,企业最好是在放置这些消防器材的墙壁上,贴一张放大的简易操作步骤说明图。五是明确换药日期。企业应注意灭火器内的药剂的有效期,一定要按时更新,以确保灭火器的有效性。企业应把该灭火器下一次换药日期明确地标示在灭火器上,让所有人共同注意安全。(7)设置紧急联络电话看板。在警卫室或值班室内设置一个含"110"、"119"、"120"及附近派出所、电力公司、自来水公司、煤气公司和相关主管家的"紧急联络电话板",肯定有利于提升警卫或值班的人员应付紧急事件的应变能力。(8)设置急难抢救顺序看板。意外事件的处理,往往要争分夺秒,若大家乱了手脚,势必会延误抢救时机。所以,企业不妨在易发生火灾的场所,设置一些"急难抢救顺序看板",让大家在必要时,通过看板上的步骤与指示,有相关的标准动作可以遵循,从而

能把握第一处理时间，减少意外事件的伤害。

36 发生安全生产事故如何紧急处理？

事故往往具有突发性，因此事故发生后，抢救人员要保持头脑清醒，切勿惊慌失措，以免扩大生产人员的损失和伤亡。抢救人员一般按下列顺序处理：第一，切断有关动力来源，如气（汽）源、电源、火源、水源等。第二，救出伤亡人员，对伤员进行紧急救护。第三，大致估计事故原因及影响范围。第四，及时寻求援助，同时尽快移走易燃、易爆或剧毒物品，防止事故扩大和减少损失。第五，采取灭火、防爆、导流、降温等紧急措施，尽快终止事故。第六，事故被终止后，要保护好现场，以供调查分析。

37 企业员工如何避免人为失误，有效地防范事故发生？

企业员工人为失误的原因包括：未注意；疲劳；未注意到重要迹象；操作者安装了不准确的制动器、在不准确的时刻开启制动器；识读仪表错误；错误使用控制器；因震动等干扰而心情不畅；未在仪表出错时及时采取行动；未按规定的程序进行操作；因干扰未能正确理解指导。未注意和疲劳是操作者失误的两个重要原因。预防未注意的措施主要有:在重要部位安装引起注意的设备、提供快乐的工作环境,以及在各步之间避免中断等。类似地,预防疲劳的措施主要有:采取排除或减少难受的姿势、缩短集中注意的连续时间、减少多环境的应激及过重的心理负担等。具体来说,预防操作者人为失误的措施有:(1)通过听觉或视觉的手段帮助操作者注意某些问题以避免漏掉某些重要迹象。同时,使用特定的控制设备可以避免某些不准确的控制装置所造成的问题。(2)为了避免操作者在不正确的时刻开启控制器,在某些关键序列的交接处提供补救措施是必要的。因此,操作者应保持功能控制器放在适当的位置,以便使用。(3)为预防误读仪表,操作者有必要根除清晰度方面的问题和仪表位置不当的问题。(4)使用噪音消减设备及振动隔离器可有效克服因噪音和震动造成的操作者失误。(5)综合使用各种手段保证各仪器发挥适当功能并提供一定的检测及标准程序,以避免未对出错仪表作出及时反应等人为失误。(6)避免太久、太慢或太快等程序的出现,可以预防操作者未能按规定程序进行操作的失误。(7)操作者因干扰问题不能正确理解指导时,企业可以隔离操作者和噪音,或排除干扰源。

38 怎样管理好重大危险源?

重大危险源是指不论长期或临时地加工、生产、处理、搬

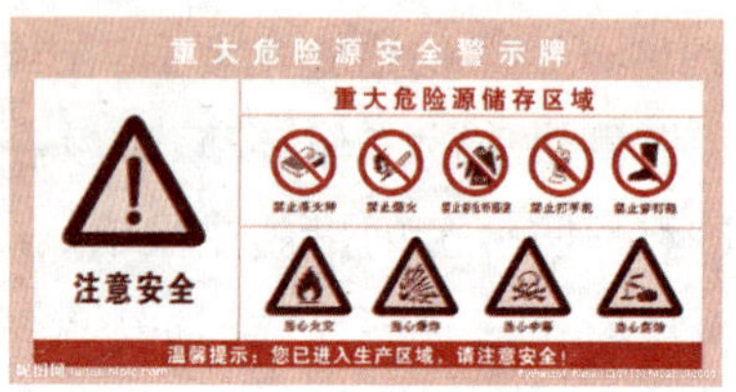

运、使用或储存数量超过临界量的一种或多种危险物质，或多类危险物质的设施（不包括核设施、军事设施以及设施现场之外的非管道的运输）。重大危险源与重大工业事故是密切相关的。重大危险源是导致重大工业事故的根源，但可能导致重大工业事故的设施，并不一定是重大危险源。重大危险源主要针对的是物质危险源，是易燃、易爆、有毒、有害等危险物质的客观存在。当危险物质的量超过了规定的临界量时，即构成了应该着重关注、重点管理的重大危险源。为了预防重大工业安全事故的发生，降低事故造成的损失，必须建立有效的重大危险源控制系统。重大危险源控制系统主要由以下几个部分组成：(1)重大危险源的辨识。防止重大工业事故发生的第一步，是辨识或确认高危险性的工业设施（危险源）。由政府主管部门和权威机构在物质毒性、燃烧、爆炸特性基础上，制定出危险物质临界量标准。通过危险物质及其临界标准，可以确定哪些是可能发生事故的潜在危险源。(2)重大危险源的评价。根据危险物质及临界量标准进行重大危险源辨识和确认后，就应对其进行风险分析评价。一般包括下列内容：辨识各类危险因素及其原因与机制；依次评价已辨识的危险事件发生的概率；评价危险事件的后果；进行风险评价，即评价危险事件发生概率和发生后果的联合作用;风险控制,即将上述评价结果与安全目标值进行比较,检查风险值是否达到可接受水平,否则须进一步采取措施,降低危险水平。(3)重大危险源的管理。企业应对工厂的安全生产负主要责任。在对重大危险源进行辨识和评价后,应对每一个重大危险源制定出一套严格的安全管理制度,通过技术措施(包括危险化学品的选择、设施的设计、建造、运转、维修以及有计划的检查)和组织措施(包括对人员的培训与指导、提供保证其安全的设备,工作人员水平、工作时间、职责的确定,以及对外部合同工和现场临时工的管理)对重大危险源进行严格的控制和管理。(4)重大危险源的安全报告。要求企业在规定的时间内,对已辨识和评价的重大危险源向政府主管部门提交安全报告。如属新建的重大危害性的设施,则应在其投入运行之前提交安全报告。安全报告应详尽说明重大危险源的情况,可能引发事故的危险因素及前提条件,安全操作和预防失误的控制措施,可能发生的事故类型,事故发生的可能性及后果,现场应急预案等。安全报告应根据重大危险源的变化以及新知识和技术进展的情况进行修改和增补,并由政府主管部门经常进行检查和评审。(5)应急预案。制订应急预案的目的是抑制突发事件,减少事件对工人居民和环境的危害。因此,应急预案应提出详尽、实用、明确和有效的技术与组织措施。政府主管部门保证将发生事故时要采取的安全措施和正确做法的有关资料散发给可能受到事故影响的公众,并保证公众充分了解发生重大事故

时的安全措施，一旦发生重大事故，应尽快报警。每隔适当的时间应修订和重新散发应急预案的宣传材料。(6)工厂选址和土地使用计划。政府有关部门应制定综合性的土地使用政策，确保重大危险源与居民区和其他工作场所、机场、水库、其他危险源和公共设施安全隔离。(7)重大危险源的监察。政府主管部门必须派出经过培训的、真正合格的技术人员定期对重大危险源进行监察、调查、评估和咨询。

39 发生毒气泄漏事故如何自救和逃生？

毒气是对生物体有害的气体的统称。毒气有自然界产生和人工制造两种，其中人工通过化学手段制造的毒气一般会用于军事目的，属于化学武器。有些毒气内所含的物质能够附着于红细胞，令红细胞的载氧量降低，愈多的毒气吸入，会使得红细胞的载氧量愈低。吸入过多的毒气可以令人窒息，甚至死亡。天然毒气有一氧化碳、一氧化氮、硫化氢、二氧化硫、氯气等，化学毒气有光气、双光气、氰化氢、芥子气等。毒气泄漏有很大的危害性，处置不当，会造成群死群伤的恶性事故，在社会上造成极大恐慌。发生毒气泄漏事故时，现场人员不可恐慌，要有人负责统一指挥，有序地撤离，并采取相应的监护措施。从毒气泄漏现场逃生时，要抓紧宝贵时间，当机立断，选择正确的逃生方法撤离。逃生时要根据泄漏物质的特性，佩戴相应的个体防护用具，或用湿毛巾或衣物捂住口鼻。沉着冷静确定风向，然后根据毒气泄漏位置，向上风向或沿侧风向转移撤离。另外根据泄漏物质的相对密度，选择沿高处或低洼处逃生，但切忌在低洼处滞留。

40 高处作业如何规避风险？

高处作业是指企业内凡在坠落高度基准面2米以上（含2米）有可能坠落的高度进行作业。虽然在2米以下，但在作业地段坡度大于45度的斜坡下或附近有洞、升降口、坑、井、风和风雪袭击、机械振动、设备和管道易泄漏或有可能排放有害气体、液体、熔融物或有转动机械及其他易伤人的物体等，应视为高处作业。为有效防范高处作业发生的伤亡事故，作业人员身体条件要符合要求，无恐高症，着装符合要求，正确佩戴安全帽、安全带，离地面2米以上的作业必须挂牢安全带后方可作业，禁止安全带低挂高用。作业点下方设警戒区，并设警戒标志，严禁向下抛投杂物。攀登作业时要手抓牢、脚登稳，避免滑跌，重心失稳。夜间高处作业要有可靠的照明，必要时安装临时照明灯具。特级高处作业配备通信联络工具并安排专人监护。登高人员配备工具袋，施工工具和工件应有防滑落措施。凡患有高血压、心脏病、癫痫病、精神病和其他不适于高空作业的人，禁止登高作业。登高作业前，必须按规定办理“登高作业票”，采取切实可行的安全措施，指定专人负责，专人监护，各级审批人员严格履行审批手续，审批人员应赴高处作业现场检查确认安全措施后，方可批准。进行高空焊接、氧割作业时，必须事先清除火星飞溅范围内的易燃物。登高前，负责人应对作业人员进行现场安全教育，检查所有的登高工具和安全用具（如安全帽、安全带、梯子、跳板、脚手架、防护板、安全网）必须安全可行，严禁冒险作业。登高作业与其他作业交叉进行时，必须按指定的路线上下，禁止上下垂直作业，若必须垂直作业时，应采取可靠的隔离措施。登高作业时，应使用死扳手，如用活动板必须用绳子拴牢，操作人员必须站在安全可行位置，系好安全带。使用套筒扳手，扳手套上螺母或螺钉后，不得有晃动，并应把扳手放到底。螺母或螺钉上有毛刺，应进行处理，不得用手锤等将扳手打入。扳手不得加套管以接长手柄，不得用扳手拧扳手，不得将扳手当手锤使用。使用梯子时，必须先检查梯子是否坚固，是否符合安全要求。立梯坡度60度为宜。梯底宽度不高于50公分，并应有防滑装置。梯顶无搭钩，梯脚不能稳定时，需将梯顶用绳捆牢固或有人扶梯，人字梯拉绳必须牢固。

41 受限空间作业如何规避风险？

受限空间是指生产经营单位的各种设备内部（塔、釜、罐、炉膛、锅筒、管道、容器等）和下水道、沟、坑、井、池、涵洞、阀门间、污水处理设施及场所。换言之，一切通风不良、容易造成有毒有害气体积聚和缺氧的设备、设施和场所都叫受限空间（作业受到限制的空间）。在受限空间的作业都称为受限空间作业。有些受限空间可能产生或存在硫化氢、一氧化碳、甲烷（沼气、瓦斯）或其他有毒有害、易燃易爆气体并存在缺氧危险，在其中进行作业如果防范措施不到位，就有可能发生中毒、窒息、火灾、爆炸等事故，另外大部分受限空间作业面狭窄，作业环境复杂，还容易发生触电、机械损伤、淹溺和坍塌掩埋等事故。受限空间作业必须办理《受限空间作业证》，落实各项安全措施后，方可进行作业。具体如下：(1)落实作业负责人、监护人员、作业人员、审批人员职责，严格按职责要求进行作业。(2)作业前必须认真履行危险辨识。查清是否存在可燃气体、液体或可燃固体的粉尘发生火灾或爆炸而引起正在进行作业的人员受到伤害的危险；是否存在因有毒、有害气体或缺氧而引起正在作业的人员中毒或窒息的危险；是否存在因极端的温度、湿滑的作业面、坠落、尖锐锋利的物品等物理危害而引起正在作业的人员受到伤害的危

险；是否存在腐蚀性化学品、带电等因素而引起正在作业的人员受到伤害的危险等等。(3)进行有效的安全隔绝。受限空间与其他系统连通的可能危及安全作业的管道应采取有效隔离措施；管道安全隔离可采用插入盲板或拆除一段管道进行隔绝，不能用水封或关闭阀门等代替盲板或拆除管道；与受限空间相连通的可能危及安全作业的孔、洞应进行严密的封堵；受限空间带有搅拌器等用电设备时，应在停机后切断电源（最好的做法是安排电工停电并拆除电源线），上锁并加挂警示牌。(4)严格清洗或置换。受限空间作业前，应根据受限空间盛装（过）物料的特性，对受限空间进行清洗或置换，并达到各项指标要求。(5)采取有效通风。应采取措施，保持受限空间空气通风良好。打开人孔、手孔、料孔、风门、烟门等与大气相通的设施进行自然通风，必要时可采取强制通风。采用管道送风时，送风前应对管道内介质和风源进行分析确认。禁止向受限空间充氧气或富氧空气。(6)作业前、作业中严密监测。作业前半小时内应对受限空间进行气体采样分析，分析合格后方可进入。作业中应定时检测，至少2小时检测一次，如检测分析结果有明显变化，则应加大监测频率；作业中断半小时应重新进行检测分析，对可能释放有害物质的受限空间，应连续监测。情况异常时应立即停止作业，撤离人员，经对现场处理，并取样分析合格后方可恢复作业。涂刷具有挥发性溶剂的涂料时，应做连续分析，并采取强制通风措施。(7)采取个体防护措施。受限空间经清洗或置换不能达到要求而又非进不可时(如设备内扒渣),应采取相应的防护措施方可作业。在缺氧或有毒的受限空间作业时,应佩戴隔离或防护面具,必要时作业人员应栓带救生绳;在易燃易爆的受限空间作业时,应穿防静电工作服、工作鞋,使用防爆型低压灯具即不发生火花的工具;在有酸碱等腐蚀介质的受限空间作业时,应穿戴好防酸碱工作服、工作鞋、手套等护品;在产生噪声的受限空间作业时,应佩戴耳塞或耳罩等防噪声护具。(8)保证照明及用电安全。受限空间照明用电压应小于等于36V,在潮湿容器、狭小容器内作业电压应小于等于12V。使用超过安全电压的手持电动工具作业或进行电焊作业时,应配备漏电保护器。在潮湿容器中,作业人员应站在绝缘板上,同时保证金属容器接地可靠。临时用电应办理用电手续。(9)做好监护。受限空间作业,在受限空间外应设有专人监护。监护人员不得脱离岗位,并应掌握受限空间作业人员的人数和身份,对人员和工器具进行清点。检查好安全措施,统一联系信号,随时保持联络。(10)制定应急预案(措施),加强应急预案的演练,使工作人员提高自救、互救及应急处置的能力。(11)其他安全要求。作业时应在空间外设置安全警示标志;受限空间出入口要保持畅通;多工种、多层交叉作业应采取互相之间避免伤害的措施;作业人员不得携带与作业无关的物品进入受限空间,作业中不得抛掷材料、工器具等物品;受限空间高处作业应按规范要求搭设安全梯或安全平台;在受限空间动火作业应

按规范规定进行;受限空间应备有空气呼吸器(氧气呼吸器)、消防器材和清水等相应的应急用品;严禁作业人员在有毒、窒息环境下摘下防毒面具;难度大、劳动强度大、时间长的受限空间作业应采取轮换作业;作业前后应清点人员和工器具。作业人员离开受限空间作业点时,应将作业工器具带出;作业结束后,由受限空间所在单位和作业单位共同检查受限空间内外,确认无问题后方可封闭受限空间。

42 动火作业如何规避风险?

动火作业,也称为热工作业,是很多企业主要的也是风险最大的生产作业活动之一。如果不能充分认识并采取有效措施控制动火作业中的风险,则极有可能导致火灾、爆炸等事故的发生,严重时可能会导致重大人员伤亡或其他灾难性的后果。对动火作业实施作业许可(作业票)管理,可避免人员在不具备动火作业条件的情况下擅自作业,保证所有的动火作业都按照动火作业许可证(动火票)上所列的安全措施进行检查、确认并落实,使火灾、爆炸的风险得到很好的控制。作业许可(作业票)管理制度是一项公认的有效的现场管理制度,建议尚没有建立作业许可(作业票)管理制度的企业,学习并采纳这项管理制度,通过许可的方式,对如动火作业等高风险作业实施控制。在管线和容器上的焊接或热切割作业，存在的一个主要风险是管线或容器内存在残留的易燃物，这种情况极易发生爆炸。如果可行，在管线或容器上切割作业应尽量采用冷切割的方式，采用冷切割的方式可以从根本上降低甚至消除火灾隐患，使作业的安全性大大提高。如果必须在经处理过或者盛装过易燃物的管线或者容器上实施焊接或热切割作业时，则必须对拟作业的部分实施最高级别的隔离，即拆断或者加装盲板以防止流程/装置其他部分的介质介入，同时对拟作业部分进行排空、清洗、置换，以确保管线/容器内不存在任何易燃物。在有些情况下，彻底清理干净管线/容器内的介质，特别是附着在内壁的介质十分困难，在这种情况下，可以考虑采用对管线/容器内部空间进行惰化的方法，即向管线/容器内注入氮气一类的惰性气体，以移除管线/容器内部空间火灾三要素之一的氧气。当采用这种方法时，一定要注意通过正确的气体检测方法，验证置换是否彻底。在通风不良的狭小空间使用乙炔割枪，存在的一个主要风险是，当乙炔软管出现泄漏，或者当从割枪排出乙炔气体时，由于空间比较狭窄且通风不良，比较容易在狭小的空间内形成爆炸混合物，并在点火时发生闪爆。因此，当需要在通风不良的狭小空间使用乙炔割枪时，一定要检查并确保乙炔软管及连接部位没有泄漏，并且不在这样的作业点人为排放乙炔气体。如果能够同时在作业点架设强制通风设备，将可能产生泄漏的乙炔及时驱散，则可使这样的作业防火安全性大大提高。在动火作业前，要移除作业区域的易燃可燃物，比如油漆、油布、木料、尼龙物品等。在进行焊接或者气割作业时，特别是在位置比较高的作业点进行这些作业时，作业产生的火花可能会落下并在较大范围内飞溅、扩散，引燃区域内的易燃可燃物。因此，除了要在尽可能大的范围内移除易燃可燃物之外，应采取措施避免火花飞溅、扩散，比如在动火作业点下面铺上防火布，将产生的火花接住。如果作业环境中有可能存在易燃气体，需要有经过专业培训的人员在动火前进行气体检测，确保气体检测准确。有些作业与动火作业同时进行可能会引发危险，比如在动火作业现场进行油漆作业、拆开易燃管线的作业、进行燃气管线/容器的置换作业等，都会增加动火作业的火灾风险，因此，在进行作业活动的安排时，要考虑可能与动火作业产生互相影响的交叉作业，并作出合理的安排以规避风险。在进行动火作业时要作出火灾应急安排，以确保在发生火灾时能够在第一时间将初期火灾扑灭。

43 起重吊装作业如何规避风险？

吊装作业常用的起重机械有：千斤顶、手拉葫芦（俗称“导链”）、电动葫芦、卷扬机、桥式起重机（又称“行车、天车”）、流动式起重机（含汽车式起重机和履带式起重机）、门式起重机、塔式起重机等。起重机械的频繁使用，也带来了

作业伤害事故的增加。起重吊装作业属于高危险作业，接到任务后，施工单位必须先到作业现场实地考察，制定安全措施，必要时，应编制《吊装安全技术方案》，组织起重吊装作业人员认真学习，落实预防措施。在日常工作中，指定专门人员对吊索、索具进行定期保养、维护。清理绳端断丝、绳股断裂、由绳芯损坏而引起的绳径减小、外部及内部磨损、外部及内部腐蚀、严重变形的吊索。检查吊带有无烧伤、褪色、打节、断裂等，确保其完好无损，确保标志和标牌清晰可读。吊钩应有制造单位的合格证等技术证明文件，方能接收、使用。检验合格的吊钩，应在低应力区做出不易磨灭的标记。标记内容至少应包括：额定起重量、厂标或厂名、检验标志。并建立设备维护和保养档案；建立合格的存储地点，分区放置吊索、吊机具，预防因错拿吊索、吊具而发生事故。定期进行吊索、吊具载荷试验。在制定《起重吊装作业安全技术方案》时，应遵循《起重吊装作业安全管理规定》等规章制度，拟定相应的安全措施。作业负责人应对检修人员进行安全教育和技术交底，作业人员必须按要求认真做好防范措施。对于盛装易燃、易爆、易蚀、有毒、剧毒或有害介质的设备，必须经过置换、中和、消毒、清洗等处理，并取样分析，以保证设备中

介质含量符合相关的安全管理规定，确保起重吊装人员的生命安全及作业安全。其中作业的司机、司索、指挥人员经过专业培训、考核并取证，严格执行安全操作规程，杜绝违章作业；起重装置和设备应处于检验合格证书的有效期内；起重设备的安全装置正常工作。吊车在进入作业区前，作业人员应对进入作业区内道路、土质、转弯角度、路和路边是否有障碍物进行勘查。进入作业区后，必须及时设置安全警戒区域。吊车支脚时，应对当地的地质状况进行分析，用枕木（或钢板等）将支脚垫牢。在吊车臂杆转动、伸出长度、升高角度时应对周围环境进行检查，检查是否有高压电线和其他障碍物。进入检修区域，必须穿戴好个人劳保防护用具。固定检修区域，悬挂警示标志，禁止无关人员进入，必要时，应采取措施将作业现场与生产系统隔离。吊装作业前，作业负责人必须会同有关部门人员办理所需的票证，落实措施，并签字确认。起重作业前，所有的用具须经专业人员检查，总负载不得超过起重设备的动态或静态装载能力。在捆绑重物前，要对吊钩、吊索、吊具和被吊物件的外观等进行检查，不得破损。吊索、吊具应固定在被吊物件的吊环或吊耳上，否则起重设备的吊钩应系在被吊物件的中心上方（合力方向），在吊索与被吊物件的棱角部位之间要加衬垫，确保设备吊装安全。同时，在被吊物件上拴缆风绳。重物被吊起至 5 ~ 10cm 后停止，进行检查，检查完再升高，防止被吊物件在空中摆动。指挥人员在指挥起重作业时，信号、动作要准确；司机、司索人员作业时，要认真操作，协调配合；发现异常情况，应及时互相联系，共同做好作业安全工作。

44 盲板抽堵作业如何规避风险？

盲板抽堵作业主要指在设备检修及抢修中，设备、管道内存有物料（气、液、固态）在一定温度、压力情况下的盲板抽堵作业。盲板选材要适宜、平整、光滑，经检查无裂纹和孔洞。高压盲板应经探伤合格，盲板的直径应依据管道法兰密封面直径制作，厚度要经强度计算，应有一个或两个手柄，便于辨识、抽堵，应选用与之相配的垫片。盲板抽堵作业必须办理《盲板抽堵作业票》，未办理作业票不准进行抽堵作业。盲板抽堵人员应经过安全教育和专门的安全培训，并经考核合格，作业前应预先绘制盲板位置图，对盲板进行统一编号，并设专人负责。盲板抽堵作业单位应按图作业。作业人员对现场作业环境进行有害因素辨识并制定相应的安全措施。盲板抽堵作业应设专人监护，监护人不得离开作业现场。在作业复杂、危险性大的场所进行盲板抽堵作业，应制定应急预案。在有毒介质的管道、设备上进行盲板抽堵作业，系统压力应降到尽可能低的程度，作业人员应穿戴适合的防护用具。在易燃易爆场所进行盲板抽堵作业时，作业人员应穿防静电工作服、工作鞋；距作业地点30米内不得有动火作业；工

作照明应使用防爆灯具；作业时应使用防暴工具，禁止用铁器敲打管线、法兰等。在强腐蚀性介质的管道、设备上进行抽盲板作业时，作业人员应采取防止酸碱灼伤的措施。在介质温度较高、可能对作业人员造成烫伤的情况下，作业人员应采取防烫措施。高处盲板抽堵作业应按高处作业安全管理规定进行。不得在同一管道上同时进行两处及以上的抽盲板作业。抽盲板作业时，应按盲板位置及盲板编号，设专人统一指挥作业，逐人确认并做好记录。每个盲板应设标牌进行标记，标牌编号应与盲板位置图上的盲板编号一致。作业结束，应由盲板抽堵作业单位、委托单位专人共同确认。严禁涂改、转借《盲板抽堵作业票》。变更作业内容，扩大作业环境或转移作业部位时，需重新办理《盲板抽堵作业票》。对作业审批手续不全、安全措施不落实、作业环境不符合安全要求的，作业人员有权拒绝作业。在有毒的管道、设备抽堵盲板作业时，非刺激性气体的压力应小于200毫米汞柱；刺激性气体的压力应小于50毫米汞柱；气体温度应小于60度。设计危险作业组合，应同时办理相关作业许可证。

45 设备检修作业如何规避风险？

设备检修是为了保持和恢复设备、设施规定的性能而采取的技术措施，包括检测和修理。外来施工单位应具有国家规定的相应资质，并在其等级许可范围内开展检修施工业务。资质由引进检修施工单位相关部门负责审检把关。在签订设备检修合同时，应同时签订安全管理协议。根据设备检修项目的要求，检修施工单位应制定设备检修方案，检修方案应经设备使用单位审核。检修方案中应有安全技术措施，并明确检修项目安全负责人。检修施工单位应指定专人负责整个检修过程的具体安全工作。检修前，检修施工单位参加检修作业的人员需进行培训。检修现场应根据实际情况设立相应的安全标志，检修项目负责人应组织检修作业人员现场进行检修作业交底。检修前要办理《设备检修作业票》，施工单位要做到检修组织落实、检修人员落实和检修安全措施落实。当设备检修涉及高处、动火、动土、断路、吊装、抽堵盲板、受限空间作业时，需按相关作业安全规程的规定执行。临时用电应办理用电手续，并按规定安装和架设。设备必须经过清洗、置换等安全技术措施并达到安全使用条件后移交给设备使用单位，并办理移交手续。检修项目负责人应与设备使用单位负责人、施工区域负责人共同检查，确认设备、工艺处理等满足检修安全要求。应对检修作业使用的脚手架、起重机械、电气焊用具、手持电动工具等各种工器具进行检查，手持式、移动式电工器具应配有漏电保护装置。凡不符合作业安全要求的工器具不得使用。对检修设备上的电器电源，应采取可靠的断电措施，确认无电后在电源开关处设置安全警示标牌或加锁。对检修作业时用的气体防

护器材、消防器材、通信设备、照明设备等应安排专人检查，并保证完好。应对检修现场的梯子、栏杆、平台、盖板等进行检查，确保安全。对有腐蚀性介质的检修场所应备有人员应急用冲洗水源和相应防护用品。对检修现场存在的可能危及安全的坑、井、沟、孔洞等应采取有效防护措施，设置警告标志，夜间设可靠的警示标志。应将检修现场影响检修安全的物品清理干净，检查、清理检修现场的消防通道、行车通道，保证畅通。需夜间检修的作业场所，应设满足要求的照明装置。检修场所涉及的放射源应事先采取相应的安全措施，使其处于安全状态。设备检修中，参加检修作业的人员应按规定正确穿戴劳动保护用品，遵守本工种安全操作规程。从事特种作业的检修人员应持有特种作业操作证。多工种、多层次交叉作业时，应统一协调，采取相应的防护措施。从事有放射性物质的检修作业时，应通知现场有关操作、检修人员避让，确认好安全防护间距，按照国家有关规定设置明显的警示标志，并设专人监护。夜间检修作业及特殊天气的检修作业，须安排专人进行监护。当生产装置出现异常情况可能危及检修人员安全时，设备使用单位应立即通知检修人员停止作业，迅速撤离作业现场。经处理，异常情况排除且确认安全后，检修人员方可恢复作业。检修结束后，因检修需要而拆除的盖板、扶手、栏杆、防护罩等安全设施应恢复其安全使用功能。检修所用的工器具、脚手架、临时电源、临时照明设备等应及时撤离现场，留下的废料、杂物、垃圾、油污等应清理干净。

46 动土作业如何规避风险？

动土作业是指挖土、打桩、地锚入土深度在0.5米以上，地面堆放负重在50公斤/平方米以上，使用推土机、压路机等施工机械进行填土或平整场地的作业。为有效防范事故发生，动土前必须办理《动土作业票》，没有作业票不准动土作业。作业前，作业负责人应对施工人员进行安全教育，作业人员应按规定着装并佩戴合适的个人防护用品。施工单位应进行施工现场安全辨识，并逐条落实安全措施。应检查工具、现场支撑是否牢固、完好，发现问题及时处理。动土作业现场应根据需要设置护栏、盖板和警示标志，夜间应悬挂红灯示警。严禁涂改、转借《作业证》，不得擅自变更动土作业内容、扩大作业范围或转移作业地点。动土临近地下隐蔽设施时，应使用适当工具挖掘，避免损坏地下隐蔽设施。动土中若裸露出电缆、管线以及不能辨识的物品时，应立即停止作业，妥善加以保护，报告动土审批单位处理，采取相应措施后方可继续动土作业。挖掘较深的

坑、槽、井、沟等作业，应遵守相关规定，挖掘土方应自上而下进行，不准采用挖底脚的办法挖掘，挖出的土石严禁堵塞下水道和窨井。在挖较深的坑、槽、井、沟时，应符合国家相关要求。作业时必须戴安全帽，坑、槽、井、沟上端边沿不准人员站立、行走。要视土壤性质、湿度和挖掘深度设置安全边坡或固壁支撑。挖出的泥土堆放处和堆放的材料至少应距坑、槽、井、沟边沿0.8米，高度不得超过1.5米。对坑、槽、井、沟边坡或固壁支撑应随时检查，特别是雨雪后和解冻时期，如发现边坡有裂缝、松疏或支撑有折断、走位等异常危险征兆，应立即停止工作，并采取可靠的安全措施。在坑、槽、井、沟的边缘安放机械、铺设轨道及通行车辆时，应保持适当距离，采取有效的固壁措施，确保安全。在拆除固壁支撑时，应从下而上进行。更换支撑时，应先装新的，后拆旧的。作业现场应保持通风良好，并对可能存在有毒有害物质的区域进行检测，发现有毒有害气体时，应立即停止作业，待采取了可靠的安全措施后方可作业。所有人员不准在坑、槽、井、沟内休息。作业人员多人同时挖土应相距在2米以上，防止工具伤人。作业人员发现异常时，应立即撤离作业现场。在危险场所动土时，应由专业人员现场监护，当所在生产区域发生忽然排放有害物质时，现场监护人员应立即通知动土作业人员，迅速撤离现场，并采取必要的应急措施。高处作业涉及临时用电时，应按相关规定执行。施工结束后应及时回填土，并恢复地面设施。

47 断路作业如何规避风险？

断路作业是指生产经营单位需在内部交通主干道、交通次干道、交通支道与车间引道上进行各种影响正常交通的作业。为了防止断路作业中发生安全事故，保障劳动者的生命安全，进行断路作业时应制定周密的安全措施，并办理《断路作业安全许可证》。断路作业单位办理完《断路作业安全许可证》（以下简称作业证）并向断路申请单位确认无误后，即可在规定的时间内，按《作业证》的内容组织断路作业。断路作业申请单位应制定交通组织方案，设置相应的标志与设施，以确保作业期间的交通安全。用于道路作业的工件、材料应放置在作业区内或其他不影响正常交通的场所。严禁涂改、转借《作业证》，变更作业内容，扩大作业范围，应重新办理《作业证》。断路作业单位应根据需要在作业区相关道路上设置作业标志、限速标志、距离辅助标志等交通警示标志，以确保作业期间的交通安全。在作业区附近还应设置路栏、锥形交通路标、道路作业警示灯、导向标等交通警示设施。在道路上进行定点作业，白天不超过2小时、夜间不超过1小时即可完工的，在有现场交通指挥人员指挥交通的情况下，只要作业区设置了完善的安全设施，即白天设置了锥形交通标或路栏，夜间设置了锥形交通路标或路栏及道路交通

警示灯,可不设标志牌。夜间作业应设置道路作业警示灯,道路作业警示灯设置在作业区周围锥形交通路标处,应能反映作业区的轮廓,警示灯为红色,应防爆并采用安全电压,设置高度应符合国家相关规定,距离地面 1.5 米,不低于 1 米。道路作业警示灯遇雨、雪、雾天时应开启,在其他气候条件下应自傍晚前开启,并能发出至少 150 米外清晰可见的连续、闪烁或旋转的红光。断路申请单位应根据作业内容会同作业单位编制相应的事故应急措施并配备有关器材。动土开挖的路面宜做好临时应急措施,保证消防车的通行。断路作业结束,应迅速清理现场,尽快恢复正常交通。

48 临时用电作业如何规避风险?

凡在正式运行的电源上所接的一切临时用电,应办理临时用电许可证。在运行的生产装置、罐区和具有火灾爆炸危险的场所内一般不允许接临时电源。确属装置生产或检修施工需要时,在办理临时用电许可证的同时,按规定办理《动火安全作业证》。作业前,针对作业内容进行危害识别,制定相应的作业程序及安全措施。电工班组负责人应对作业程序和安全措施进行确认后签发《临时用电作业许可证》。有自备电源的施工单位和检修队伍,自备电源不得接入企业公用电网,安装临时用电线路的电工作业人员,应持有电工作业证。临时用电设备和线路应按供电电压等级和容量正确使用，所有的电器元件应符合国家规定标准要求。临时用电电源施工、安装应严格执行《电气施工安装规范》，并接地良好。在防爆场所使用的临时电源，电气元件和线路应进行相应的防爆等级要求，并采取相应的防爆安全措施；临时用电线路及设备的绝缘应良好；临时用电架空线应采用绝缘铜芯线。架空线最大弧垂于地面的距离，在施工现场不低于 2.5 米，在穿越机动车道不低于 5 米。架空线应架设在专用电杆上，严禁设在树木和脚手架上；对需埋地敷设的电缆线线路应设有“走向标志”和“安全标志”。电缆埋地深度不应小于 0.7 米，在穿越公路时应加设保护套管；对现场临时用电配电盘、箱应加编号，应有防雨措施，盘、箱、门应能牢靠关闭；行灯电压不得超过 36V，在特别潮湿的场所或塔、釜、槽、罐等金属设备作业装设的临时照明行灯电压不超过 12V；临时用电单位应严格遵守临时用电规定，不得变更地点和工作内容，禁止任意增加用电负荷或私自向其他单位转供电。作业完工后，施工单位应及时通知负责配送电的单位停电，以便及时拆除临时用电线路。

49 安全事故现场人员紧急疏散的方法有哪些？

安全事故现场人员紧急疏散一般有 5 种方法：(1) 广播

指导疏散法。当公共聚集场所发生安全事故后，要及时利用广播系统指导人们疏散。通过明确发布疏散信息，讲清事故具体情况，指明疏散出入口通道位置、安全区、危险区等情况，让人们保持冷静，有秩序地及时疏散。应选择那些人员通过流量大、安全可靠的疏散通道，以防堵塞发生人员伤亡。(2)协助组织疏散法。专业救援队伍到场后，场所正在组织疏散场内人员，尚有部分被困人员未疏散时，应及时组织力量，参与到疏散被困人员中，与场所领导或负责人共同组织指挥疏散工作。如果疏散工作任务很大，应及时开辟新的疏散通道，采取内攻和外攻相结合的方法，尽快疏散出被困人员。(3)内部引导疏散法。专业救援队伍到场后，场所没有组织疏散人员，此时建筑内疏散通道、安全出口尚未被烟火封锁，救援人员应抓住有利时机，迅速派出若干疏散小组，深入建筑内部采取引导疏散的方法，引导被困人员通过疏散通道或安全出口，及时逃离危险区域安全逃生。引导疏散时，应先安排行动不便者和老弱病残、儿童，后安排行动便利者和青壮年进行有序疏散，避免被疏散人员发生拥挤、争抢而导致事故。(4)直接疏散法。所谓直接疏散法，是指将被困人员直接疏散到室外的安全地方。在组织疏散人员时，如果条件允许,最好选择直接疏散法。这样一次性将被困人员疏散到最安全的地方,不需要再次组织力量疏散转移,既确保被疏散人员的安全,又节省大量的救援力量,此法在疏散被困人员时应首选。(5)转移疏散法。所谓转移疏散法,是指由于疏散通道或安全出口被封锁,将被困人员先疏散到附近的安全地带临时避险,等待时机再转移疏散到室外的安全地方。因为现场条件不允许,如果采取直接疏散法,可能会对被疏散人员的人身安全造成威胁,因而应采取转移疏散法,变直接疏散为间接疏散,以确保被疏散人员安全。

50 事故应急救援预案有什么作用?

制定事故应急救援预案是贯彻落实“安全第一、预防为主,综合治理”的方针,提高应对风险和防范事故的能力,保证职工安全健康和公众生命安全,最大限度地减少财产损失、环境损害和社会影响的重要措施。事故应急预案在应急系统中起着关键作用,它明确了在突发事故发生之前、发生过程中以及刚刚结束后,谁负责做什么、何时做,以及相应的策略和资源准备等。它是针对可能发生的重大事故及其影响、后果的严重程度,为应急准备和应急响应的各个方面所预先作出的详细安排,是开展及时、有序和有效的事故应急救援的行动指南。2009 年 3 月 20 日,国家安全生产监督管

理总局通过并公布了《生产安全事故应急预案管理办法》，对应急预案的编制、应急预案的评审、应急预案的备案和应急预案的实施作了相关规定。2006 年 9 月 20 日国家安全生产监督管理总局公布的《生产经营单位安全生产事故应急预案编制导则》，对应急预案应包含的内容和编制也提出了明确要求。应急预案的演练是检验、评价和保持应急能力的一个重要手段，它的重要作用是可在事故真正发生前，暴露预案和程序的缺陷，发现应急资源的不足，改善各应急部门、机构、人员之间的协调、增强公众应对突发重大事故救援的信心和应急意识，提高应急人员的熟练程度和技术水平，进一步明确各自的岗位与职责，提高各级预案之间的协调性，提高整体应急反应能力。应急预案演练结束后，应急预案演练组织单位应当对应急预案演练效果进行评价，撰写应急预案评估报告，分析存在的问题，并对应急预案提出修订意见。

第六章 煤矿安全

51 煤矿井下发生火灾事故如何避灾?

在煤矿井下无论任何人员发现烟雾或者明火,都必须向现场领导人报告,立即组织抢救,并尽快判明事故性质、地点及火灾程度、蔓延方向等情况,迅速向调度室报告。抢救时,应事先切断灾区内的电源,并迅速通知或协助撤出受灾变影响区域内的人员。如果火势不大,应立即根据现场条件直接灭火。如果火势迅猛,火灾范围大,现场人员无力抢救时,则应迅速撤出灾区人员。在避灾自救撤离时,要配戴好自救器,如果巷道内充满烟雾,也不要惊慌失措,四散乱跑,要迅速辨认出发火地区和风流方向,然后沉着地俯身摸着铁道或管路有秩序地撤出灾区。如果实在无法撤出,就要尽快地在附近硐室暂躲避,并把硐室入口的门关闭,隔断风流,防止有毒有害气体侵入,并敲打呼救信号。所有避灾人员都必须严格遵守纪律,听从避灾领导人指挥。如独头巷道起火,人员一旦被堵在工作面而无法撤离时，应在保证安全的条件下迅速拆除引燃风筒，在不引起冒顶的前提下拆除部分木架及其他可燃物，切断火源蔓延的通路。同时，要根据火灾的大小、发火地点等情况，选择合适的地点，利用现场的风筒、支架及其他一切可以利用的材料、工具，迅速构筑临时避难硐室，并严加封堵，防止烟雾及有害气体侵入。在条件许可的情况下，可在独头工作面与火源之间，建立多道内有压风墙，而且留作避难的空间越大越好。如果巷道内有压风管路，应打开压风管的阀门或拆开管路，放出压缩空气供呼吸之用。如果有输水管路，可利用水管改善避难条件。如巷道电缆着火，应急的原则是先停掉电源，再将电缆落地，用水浇灭或用巷道底板湿煤、浮渣将电缆掩盖，让其自熄。

52 煤矿井下发生火灾时，撤退人员在有烟雾的巷道内行走时应注意些什么？

在有烟雾的巷道里，不应停留避难，应迅速撤到有新鲜风流的巷道里。必须带好自救器，无自救器或自救器失效时，用湿毛巾捂住口鼻，卧在巷道内有水

沟一侧，静卧待救。位于火源回风侧的人员，若距火源较近，附近有脱险的通道，而且有脱险的把握，可以逆烟撤退，迅速穿过火区撤退到火源的进风侧。不过逆烟撤退危险性较大，在一般情况下不能采用。如果位于火源回风侧的人员距火源较近，在烟气没有到达之前，应迅速带好自救器，顺着风流从回风出口撤到新鲜风流中去。在烟雾不大的情况下，应尽量躬身弯腰，低头快速前进；如果烟雾大，视线不清或温度高时，应尽量贴着巷道底板和巷壁，摸着铁路或管路，快速撤退。在撤退时，要利用巷道积水浸湿毛巾、衣服，掩住口鼻，遮挡住头部、面部，以防高温浓烟的刺激。如果在自救器失效的时间内不能安全撤退时，应迅速进入避难硐室，或构筑临时避难所，等候救援。无论情况多么危险紧急，都不要惊慌失措，不要狂奔乱跑，这样很容易疲劳，抵抗能力、行动能力和判断能力都会降低，过度紧张和恐惧还会造成精神和行动异常。

53　煤矿发生瓦斯突出时应如何避灾自救？

煤与瓦斯突出是指在压力作用下，破碎的煤与瓦斯由煤体内突然向采掘空间大量喷出，是另一种类型的瓦斯特殊涌现的现象。它具有极大的破坏性。每次突出前都有预兆出现，但出现预兆的种类和时间是不同的，熟悉和掌握预兆，对

于及时撤出人员、减少伤亡具有重要意义。矿井发生煤与瓦斯突出时,立即使用隔离式自救器,迅速外撤,并向调度室汇报。在撤离时,若附近设有反向风门,要迅速撤到反向风门之外,把反向风门关好后,继续外撤。撤退途中,如果退路被堵塞,可到专设的井下避难所暂避,也可寻找有压风或铁风管的巷道、硐室躲避,把管子卸开进行通风,延长避难时间,并敲打铁管,或用其他办法与外界取得联系。在撤退时或避难待救时,要避免发生金属物体碰撞产生火花,以防止引发瓦斯爆炸事故。

54 煤矿井下发生瓦斯、煤尘爆炸时如何避灾自救?

当井下发生瓦斯、煤尘爆炸事故时,一般都会有强大的爆炸冲击波,并伴有很强的高温气浪,往往风筒被摧毁,风机移位,通风设施被破坏,支架倒塌,巷道局部或大部位垮落,使独头巷道成为窒息区,充满了一氧化碳和其他有毒有害气体,人员极易中毒。幸存人员要采取如下方法避灾自救:当井下发生瓦斯、煤尘爆炸时,现场人员要沉着冷静,不要惊慌,不要乱跑,应迅速背向空气振动的方向,侧卧在地,以降低身体高度,减少受冲击面积,避开冲击波的强力冲击,减少伤害的程度。另外,要用湿毛巾捂住口鼻,用衣物盖住身体,屏住呼吸,防止吸入大量的高温有毒有害气体。与此同时,要迅速配戴好隔离式自救器，尽快撤离灾区，并向调度室汇报。对不能行走但可以移动的伤员，要设法将其运到新鲜风流中；对于重伤员只能为其配戴好自救器待救。当井巷遇到严重破坏，退路被阻时，由受伤不重的伤员千方百计疏通巷道，尽快撤离到新鲜风流中。如果巷道难以疏通，要坐在支架、顶板良好的地方静坐（卧）待救，并且要利用一切可能的条件，建立临时避难硐室。

55 煤矿井下发生水灾事故时如何避灾自救？

当井下发生水灾事故时，现场人员应迅速判断突水的地点、水源、涌水量、发水原因、危害程度等情况，立即向调度室汇报，并及时向下部水平和其他可能受到水害威胁的人员发出警告和撤退的通知。突水事故初期，应在现场领导和有经验的老工人组织带领下，就地取材，迅速进行抢救。如果突水点围岩坚硬、涌水量不大，可组织力量加固工作面，尽快堵住出水口，以免引起大面积突水，造成人员伤亡，扩大灾情。在突水迅猛、水流急的情况下，现场人员应立即避开出

水口和泄水流,躲到硐室内、拐弯道或其他安全地点。如果情况紧急,来不及转移躲避时,可抓牢棚梁、棚腿或其他固定物体,防止被涌水激流打倒或冲走。在条件允许的情况下,应迅速撤往突水地点以上的水平,如果条件不允许撤往以上水平或地面,则可迅速躲入无瓦斯的掘进巷道高顶处躲避。撤离时要靠帮行走,防止被水中滚动的矸石和木棍撞伤。并在撤离沿途和所经过的巷道交叉口,留下指示行进的明显标志,以提示救护人员注意。从竖井梯子间撤退时,要保持良好的次序,不要慌忙和争抢。行动中,手要抓牢,脚要蹬稳,切实注意自己和他人的安全。在撤退中,如因冒顶或积水造成巷道堵塞,可寻找其他安全通道撤出。如果唯一的出口被封堵无法撤退时,可选择安全地点避难待救。如果是老空积水,使所在地点嗅到臭鸡蛋味时,应立即戴好隔离式自救器,撤到进风巷去。另外,当发现有突水预兆时,工作面所有人员必须停止工作,采取措施,立即向调度室汇报,向其他区域发出警报,撤出所有受水灾威胁地点的人员。

56 煤矿发生冒顶事故时如何避灾自救?

冒顶是指地下开采中,上部矿岩层自然塌落的现象。冒顶事故发生的原因很多,其根本原因在于开采过程中矿山压力使顶板发生活动。顶板在矿山压力活动过程中发生不同程度的变形，先是沿着顶板节里出现裂隙，产生离层现象。此时，如果顶板管理不当，支护质量不好，压力继续增大，岩石变形超过弹性变形极限，就会出现断裂、垮塌、片帮或局部冒顶。从发生冒顶事故的原因分析，有的属于对客观事物的认识不足，而较多的则是现场管理不善造成。发生冒顶，被埋人员应用呼叫、敲打等方法，发出有规律、不间断的呼救信号，这样可使抢救人员准确地掌握遇险人员的位置、人数和伤害情况，采取切实可行的营救措施。被埋人员在条件不允许时，不能采用猛烈挣扎的办法脱险。因为猛烈的挣扎会使埋压人员周围的煤矸、物料失去暂时的平衡，导致新的垮落，反而不能脱险。正确的方法是：正视已发生的灾害，不要惊慌失措，注意保持体力，等待救援。营救人员首先要检查和维护好冒落地点及其附近的支架，以保障救灾时的安全，并有畅通的安全退路，避免扩大事故。还要指派专人观察顶板。清理被埋人员时，只能用手扒、捡煤矸，以免伤害遇险人员。如果伤员被大块岩石压住，应用液压起重器或千斤顶等工具将大块岩石顶起，迅速将人救出。把伤员救出后，立即进行创伤检查及急救，切忌未经检查和急救就抬运出井，以免抬运过程中失血过多而死亡，使抢救工作前功尽弃。

第七章 非煤矿山企业安全

57 非煤矿山企业发生冒顶事故怎样进行自救和互救？

非煤矿山的顶板岩体冒落事故，以其冒顶片帮的范围和伤亡人数，一般可分为大帽顶、局部冒顶、松石冒落三种。大帽顶通常发生在属沉岩矿种开采的矿山，冶金矿山较少发生。局部冒顶和松石冒落，统称冒顶事故。冒顶事故的发生，一般与矿山地质条件、生产技术和组织治理等多方面因素有关。采面冒顶时，要迅速撤退到安全地点。当发现工作地点有即将发生冒顶的征兆，而当时又难以采取措施防止采面顶板冒落时，最好的避灾措施是迅速离开危险区，撤退到安全地点。遇险时要靠帮贴身站立或到木垛处避灾。从采面发生冒顶的实际情况来看顶板沿岩壁冒落是很少见的。因此，当发生冒顶来不及撤退到安全地点时，遇险者应靠岩帮贴身站立避灾，但要留意帮壁片帮伤人。另外，冒顶时可能将支柱压折或推倒，但在一般情况下不可能压垮或推倒质量合格的木垛。因此，如果遇险者所在位置靠近木垛，可撤至木垛处避灾。遇险后立即发出呼救信号。冒顶对员工的伤害主要是砸伤、掩埋或隔堵。冒落基本稳定后，遇险者应立即采取呼唤、敲打（如敲打物料、岩块可能造成新的冒落时，则不能敲打，只能呼唤）等方法，发出有规律、不中断的呼救信号，以便救护员工和撤出员工了解灾情，组织力量进行抢救。遇险员工要积极配合外部的营救工作。冒顶后被岩石、物料等埋压的员工，不要惊慌失措，在条件不适宜时切忌采用猛烈的办法脱险，造成事故扩大。被冒顶隔堵的员工，应在遇险地点有组织地维护好自身安全，构筑脱险通道，配合外部的营救工作，为提前脱险创造良好的条件。营救被冒顶埋压遇险员工时，要保障营救员工的自身安全。营救工作要在灾区中的领导和有经验的老工人的指挥下进行。营救员工要检查冒顶地点四周的支架情况，发现有折损、歪扭、变形的柱子，要立即处理好，以保障营救员工的自身安全，并要设置畅通、安全的退路。要因地制宜地对冒顶处进行支护。要根据顶板塌落的情况，在保证抢救员工安全和抢救方便的条件下，因地制宜地对冒顶处进行支护。在采面局部冒顶埋压员工时，可用掏梁窝、悬挂金属顶梁，或掏梁窝、架单眼棚等方法进行处理。棚梁上的空隙要用木料架设小木垛接到顶，并插紧背实，防止冒顶进一步扩大。营救埋压员工，在检查架设的支架牢固可靠后，要指派专人观察顶板，才能清理被埋压人员四周的冒落岩石等，直到把遇险员工从埋压处营

救出来。在营救过程中，可用长木棍向遇险者送饮料和食品。在清理冒落岩石时，要小心地使用工具，以免伤害遇险员工。假如遇险员工被大块岩石压住，应采用液压起重气垫、液压起重器或千斤顶等工具把大块岩石顶起，将人迅速救出。独头巷道迎头冒顶员工被堵时，遇险员工要重视发生的灾难，切忌惊慌失措，坚信领导和工友一定会积极进行抢救，应迅速组织起来，主动服从灾区中班组长和有经验老工人的指挥，团结协作，尽量减少体力和隔堵区的氧气消耗，有计划地使用饮水、食品和照明等，作好较长时间的避灾准备。如员工被困地点有电话，应立即用电话汇报灾情、遇险员工数和计划采取的避难自救措施。否则，应采取敲击钢轨、管道和岩石等办法，发出有规律的呼救信号。并每隔一点时间敲击一次，不中断地发出信号，以使营救员工了解灾情，组织全力进行抢救。要维护加固冒顶地点和员工避难处的支架，并经常派人检查，以防止冒顶进一步扩大，保障被埋员工避灾时安全。如员工被困地点有压风管，应打开压风管给被困员工输送新鲜空气，但要留意保热。

58 非煤矿山企业如何预防爆破事故?

（1）一般规定：进行爆破的作业人员必须取得爆破员的资格；各种爆破都必须编制爆破设计书或爆破说明书，设计

接触爆炸物人员
穿棉布衣抗静电

书或说明书应有具体的爆破方法、爆破顺序、装药量、点火或连线方法、警戒安全措施等；在爆破过程中，无关人员必须全部撤离，爆破必须按审批的爆破设计书或爆破说明书进行；严格遵守爆破作业的安全规程和安全操作细则。(2)装药、充填。装药前必须对炮孔进行清理和验收，使用竹木棍装药，禁止用铁棍装药。在装药时，禁止烟火、禁止明火照明。在扩壶爆破时，每次扩壶装药的时间间隔必须大于15分钟，预防炮眼温度太高导致早爆。除深裸露爆破外，任何爆破都必须进行药室充填，填塞要十分小心，不得破坏起爆网路和线路。(3)警戒。爆破前必须同时发生声响和视觉信号，使危险区内的人员都能清楚地听到和看到，地下爆破应在有关道路上设置岗哨，地面爆破应在危险区的边界设置岗哨，使所有通道都在监视之下。爆破危险区的人员要全部撤离。(4)点火、连线、起爆采用导火线点火起爆，应不少于两人进

行爆破作业，而且必须用导火索或专用点火器材点火。单个点火时，一人连续点火的根数，地下爆破不得超过5根，露天爆破不得超过10根，导火索的长度应保证点完导火索后，人员能撤至安全地点，但不得短于1米。用电雷管起爆时，电雷管必须逐个导通，用于同一爆破网路的电雷管应为同型号。爆破主线与爆破电源连接前，必须测全线路的电阻值，总电阻值与实际计算值的误差需小于正负5%，否则，禁止连接。大型爆破必须用复式起爆线路。有煤尘和气体爆炸危险的矿井采用电力起爆时，只准使用防爆型起爆器作为起爆电源。(5)爆后检查。炮响后，露天爆破不少于5分钟，井下爆破不少于15分钟（还需通风吹散炮烟后），确认爆破地点安全后，经爆破负责人或当班爆破班长同意后，才发生解除警戒信号，方准人员进入爆破地点。(6)盲炮处理。拒爆产生的盲炮和怀疑有盲炮，应立即报告并及时处理，若不能及时处理，应设明显的标志，并采取相应的安全措施，禁止掏出或拉出起爆药包，严禁打残眼。盲炮的处理主要有下列方法：第一，经常检查确认炮孔的起爆线路完好和漏接、漏点火造成的拒爆可重新进行起爆。第二，打平眼装药起爆。对于浅眼爆破、平行眼距盲炮孔不得小于0.3米，深孔爆破、平行眼距盲炮孔不得小于10倍炮孔直径。第三，用木制、竹制或其他不发火的材料制成的工具，轻轻地将炮孔内大部分填塞物掏出，用聚能药包诱爆。若所用炸药为非抗水硝铵类炸药，可取出部分填充物，向孔内灌水，使炸药失效。

59 非煤矿山企业怎样预防高处坠落事故?

预防高处坠落事故,要落实好“三宝”防护措施。在作业现场的员工应做到:(1)进作业现场的员工要戴安全帽;(2)高空作业员工要系安全带;(3)高处作业点的下方必须设安全网。要做好“临边、洞口、井口”防护。临边、洞口、井口防护栏板、防护盖板在大部分作业地均有设置,但存在着不够规范、易被挪动或效果不佳等问题。因此,在作业现场必须做好各项临边、井口的防护,同时对一些高处坠落防护设施应该专门进行研究与制作,如对于洞口的防护盖板可研制一些用于不同洞口尺寸的“安全盖板”,既不可挪动,又有明显标识,这类安全设施对预防高处坠落是十分有利的。要把好九道关:(1)材质关,严格按规定的质量、规格选择材料(如板子、螺纹钢等)。(2)尺寸关,必须按规定的间距尺寸搭设立杆、横杆、栏杆等。每个平台所使用的圆木、板子,必须选择质量较好的新材料,不得使用虫蛀和断裂的木材。(3)展板关,架板必须满展,不得有空隙和探头板、飞跳板,并经常消除板上杂物,保持清洁、平整。木跳板厚度必须达5厘米。(4)栏护关,脚手架外侧和斜道两侧设1米高的栏杆和立网。(5)连接关,必须按规定设剪刀撑和支撑,高于7米的架子必须连接牢固,不得摇摆。(6)承重关,脚手架均布载荷,不超

过 27MPa。如超载应采取加固措施以保证安全。(7)上下关,必须为工人上下架子搭设马道或门路。严禁施工员工从架上爬上爬下,造成坠落事故。(8)挑梁关,悬吊式吊篮脚手,除吊篮按规定加工、设监护和立网外,挑梁架搭设要平坦和牢固。圆木规格(小头)直径不得小于 10 公分,方板厚度均匀,不得小于 5 公分。(9)检验关,各种架子搭好后,必须进行检查,确认安全合格后方可操纵。要设置好梯子。由于梯子不牢固发生的高处坠落事故是较多的,因此要求梯子要牢。采场主要人行井梯子必须使用 35～45 毫米角钢制作;制作梯子的材料必须用直径为 16～18 毫米圆钢或螺纹钢,踩档之间间隔不得大于 30 公分,每把梯子高度不得超过 3 米;挂桩间距不得超过 2 米;踏步 30～40 厘米;与地面夹角 60～70 度;底脚要有防滑措施;顶端捆扎牢固或设专人扶梯。要认真执行规章制度。在防高处坠落事故方面,需要加强的主要是:多用于高处作业的设施、材料的现场验收,周转使用的复验;对一些发生高处坠落事故的环节,列为危险源治理,并设专人随时检查;加强防坠落设施使用过程中的检查。应规定检查内容、检查次数,做到员工落实,责任明确,杜绝由于这些设施的变化而引起事故隐患。

具体的预防措施是:(1)使用的竖井、天井、溜井等必须及时封闭好;临时启用停用必须有安全措施,用后及时封闭;暂停或待用井及采场切割井开拓后应临时封闭或有防坠措施;(2)使用的溜井井口必须设有防止职员坠落的围栏、格筛、照明、警示牌和职员安全通道；竖井下掘施工，井口必须严密封闭和有坚实的连动安全门，井口四周随时保持清洁，无杂物；(3)提升井、人行井井口和中段的连接口，应有围栏、安全门、人行道、照明和阻车器；专用人行井必须有合格的梯子间和梯子；(4)三井作业、井上井下必须有可靠的联络信号、防坠措施；(5)高空作业所用的吊盘、吊罐、升降台、工作台(棚)、安全棚等，必须坚固安全；连接部位无变形并有可靠的锁紧装置，钢索的断丝和磨损必须符合安全规程规定；(6)高空作业的升降台和行走台以及高层作业现场四周、矿山山地人行道的悬崖陡坎处必须设坚实的围栏；(7)为生产、生活需要所设的坑、壕、池和高层间预留孔、电梯间等必须有围栏或盖板；(8)建安工程必须有符合规程的坚实脚手架、踏板、围栏、安全网，脚手架等的拆除，需按规定操作，严禁由上往下乱扔杂物；(9)高层建筑用的提升设备，必须有可靠的限位、制动、避雷接地装置，并定期对钢丝绳及连接部位、安全制动装置进行重点检查；(10)高空作业(高层施工、吊罐、井筒安装、维修等)员工，必须经过健康检查、安全练习，合格者方能上岗作业。作业时必须戴好安全帽，系好安全带。

60　非煤矿山企业如何预防机械伤害事故？

非煤矿山企业防止机械伤害事故必须严格执行断电挂

禁止合闸警示牌和设专人监护的制度。机械断电后,必须确认其惯性运转已彻底消除后才可进行工作。机械检验完毕,试运行前,必须对现场进行仔细检查,确认机械部位员工全部撤离才可取牌合闸。检验试车时,严禁有人留在设备内进行点车。人手直接频繁接触的机械,必须有完好紧急制动装置,该制动钮位置必须使操纵者在机械作业活动范围内随时可触及到;机械设备各转动部位必须有可靠防护装置;各进口、投料口、螺旋输送机等部位必须有盖板、护栏和警示牌;作业环境应保持整洁卫生。各机械开关布局必须公道,必须符合两条标准:一是便于操纵者紧急停车;二是避免误开动其他设备。对机械进行清理积料、捅卡料、上皮带蜡等作业,应遵守停机断电挂警示牌制度。严禁无关职员进危险因素大的机械作业现场,非本机械作业员工因事必须进的,要先与当班机械操作员取得联系,有安全措施才可同意进。操纵各种机械的员工必须经过专业培训,能把握该设备性能的基础知识,经考试合格,持证上岗。上岗作业中,必须精心操纵,严格执行有关规章制度,正确使用劳动保护用品,严禁无证员工开动机械设备。

61 非煤矿山企业如何防治炮烟中有毒气体侵害?

在炸药爆炸产生的炮烟中,有毒气体的主要成分为一氧化碳和氮氧化物。假如炸药中含有硫或硫化物时，爆炸过程中，还会产生硫化氢和硫酐等有毒气体。这些气体的危害性大，当人体吸进一定量的有毒气体之后，轻则引起头痛、心悸、呕吐、四肢无力、昏厥，重则使人发生痉挛、呼吸停顿，甚至死亡。在井巷爆破掘进过程中，应根据工作面的实际情况，选用炸药品种。如工作面积水时，应选用抗水型炸药，否则因炸药受潮而影响爆轰稳定传播而产生大量有毒气体。爆破产生的有毒气体量与炸药用药成正比，严格控制起爆药量，可以有效降低有毒气体产生量。为了防潮，粉状炸药通常采用涂蜡纸壳包卷，由于纸和蜡均为可燃物质，夺取炸药中的氧，易使炸药在爆炸时成分负氧平衡反应。在氧量不充裕的情况下，将会产生较多一氧化碳气体，因此，限定每100g炸药的纸壳重量和涂蜡量分别不超过2g和2.5g。保证炮孔堵塞长度和堵塞质量，能够使炸药发生爆炸时，介质在碎裂之前，装药孔洞内保持高温、高压状态，有利于炸药充分反应，减少有毒气体产生量。而且足够的堵塞长度和良好的堵塞质量，还会减少未反应或反应不充分的炸药颗粒从装药表面抛出反应区的情况，也会降低空气中的有毒气体含量。采用水封爆破或放炮喷雾，炸药爆炸时会形成高温高压环境，水风爆破时产生的水雾，在高温高压下与一氧化碳发生反应产生二氧化碳和氢气，可以有效地降低炮烟中的一氧化碳浓度。由于爆破产生的某些有毒气体易溶于水，因此，在放炮时，采用自动喷雾设施进行喷雾，既能起到降尘作用，又能有

效地减少有毒气体含量，使炮烟毒性降低。采用反向起爆方式时，炮泥开始运动的时间比正向爆破推迟，间接起到了增加炮孔堵塞长度的效果，使炸药反应程度完全进步，从而降低有毒气体产生量。掘进工作面一般靠装在地面的透风机是得不到足够的新鲜空气的，为了使掘进面有足够的新鲜空气供工作员工呼吸，冲淡、排除炮烟，稀释、排除有毒及有害气体、热量及水蒸气等，可以在掘进工作面一定间隔的巷道内安装局部透风机，并在局部透风机的出风口接上风筒，以便将风送到掘进工作面。局部透风机担负着昼夜不停地向掘进工作面透风的重要任务，所以每台局部透风机必须有指定员工负责治理，并严格执行各项治理制度。所有平巷独头掘进作业，必须采用机械式透风，利用局扇连拂尘筒将炮烟抽出，禁止采用高压风进行透风。平巷独头掘进长度小于100 米可采用单一式透风，大于 100 米必须采用混合式透风（即抽出与压进混合使用）。压进式风机应安装在上风骚中不小于 10 米，抽出式风筒末端应接到下风骚中不小于 10 米或直接导进回风道。局扇风筒口与工作面的间隔，压进式不大于 10 米，抽出式不大于 5 米，混合式压进风筒不大于 10 米，抽出式风筒吸风口应滞后压进式风筒出口 5 米以上。风机与风筒的连接，必须保证质量，确保平直，不漏风，转角要平滑，接头要严密。风筒吊装必须使用牵引绳，风筒安装的位置要确保不影响正常的生产作业。采用多台风机抽出炮烟时，可将风机风筒连成一个整体，但靠近迎头的风机功率要尽可能大些，启动风机要首先启动靠近迎头的一台，依次启动。风筒安装好后，必须加强日常的维护、治理，局部漏风点必须采取粘补，不能补的风筒要整条风筒全部更换。同一台风机只能使用同一直径大小的风筒，在坑道断面允许的条件下，尽量使用大直径风筒，以缩短炮烟排除时间。已安装好的风机、风筒，必须有专人每日检查确认，发现问题立即处理，确保正常运转，保证透风安全。对于盲中断施工，天井上掘后，无法支设风机时，可用高压风机进行透风，具备条件后，必须立即安装风机。对于高天井作业，超过30米者，可适当使用高压风透风。

62 非煤矿山企业如何预防触电事故？

有效防止触电事故，既有技术措施，又要有组织治理措施。技术措施主要有：(1)防止接触带电部件。尽缘、屏护和

携带的长工具要用手拿着，扛在肩上容易触电

安全间距是最为常见的安全措施。尽缘，即用不导电的尽缘材料把带电体封闭起来，这是防止直接触电的基本保护措施。但要留意尽缘材料的尽缘性能与设备的电压、截流量、四周环境、运行条件相符合。屏护，即采用遮拦、护罩、护盖、箱闸等把带电体同外界隔离开来。此种屏护用于电器设备不便于尽缘和尽缘不足以保证安全的场合、设施之间，是防止人体接触带电体的重要措施。间距，为防止体触及或接近带电体，防止车辆等物体碰撞或过分接近带电体，在带电体与带电体、带电体与地面、带电体与其他设备、设施之间，皆应保持一定的距离。间距的大小与电压高低、设备类型、安装方式等因素有关。(2)防止电气设备漏电伤人。保护接地和保护接零，是防止间接触电的基本技术措施。保护接地，即将正常运行的电器设备不带电的金属部分和大地紧密地连接起来。其原理是通过接地把漏电设备的对地电压限制在安全范围内，防止触电事故。保护接地适用于中性点不接地的电网中，电压高于 1KV 的高压电网中的电气装置外壳，也应采用接地保护。保护接零，即在 380/220V 三相四线制供电系统中，把用电设备在正常情况下不带电的金属外壳与电网中的零线紧密地连接起来。其原理是在设备漏电时，电流经过设备的外壳和零线型单相短路，短路电流烧断保险丝或使自动开关跳闸，从而切断电源，消除触电危险。这适用于电网中性接地的低压系统中。(3)采用安全用电。根据生产和作业场所的特点，采用相应等级的安全电压，系防止发生触电伤亡事故的根本性措施。国家标准《安全电压》(GB3805－83)规定我国安全电压额定值的等级为42V、36V、24V、12V和6V,应根据作业场所、操纵员条件、使用方式、供电方式、线路状况等因素运用。安全电压有一定的局限性,适用于小型电气设备,如手持电动工具等。(4)漏电保护装置。又称触电保护器,在低压电网中发生电气设备及线路漏电或触电时,它可以立即发出报警信号并迅速自动切断电源,从而保护人身安全。漏电保护装置按动作原理可分为电压型、零序电流型、泄漏电流型和中性点型四类,其中电压型和零序电流型两类应用较为广泛。(5)公道使用防护用具。在电器作业中,公道匹配和使用尽缘防护用具,对防止触电事故,保障操纵职员在生产过程中的安全健康具有重要意义。尽缘防护用具可分为两类:一类是基本安全防护用具,如尽缘棒、尽缘钳、高压验电笔等;另一类是辅助安全防护用具,如尽缘手套、尽缘(靴)鞋、橡皮垫、尽缘台等。(6)安全用电组织措施。包括制定安全用电措施计划和规章制度,进行安全用电检查、教育和培训,组织事故分析,建立安全资料档案等。

63　非煤矿山企业如何预防车辆伤害事故?

机电运输是矿井生产环节的重要组成部分,它贯穿于矿

井的各个环节，战线长、涉及面广、技术性强。预防车辆伤害事故的主要措施有：(1)统一思想认识，坚持“安全第一”不动摇。各级、各单位要将安全作为头等大事来抓，时时刻刻把安全生产摆在高于一切、重于一切、先于一切的位置，始终坚持“安全第一”不动摇，杜绝忽视安全投入、设备带病运行、违章冒险蛮干的现象。(2)加强思想教育工作。通过各种途径引导教育职工，明确事故的危害性，消除侥幸心理，增强安全意识。运用典型事故案例教育职工，认清“三违”的危害，强化职工安全防范意识。要特别留意了解职工的思想和生理状况，因地制宜，因人而异，加以监护，防止因不安全心理造成突然事故发生。(3)加强特殊工种的用工制度治理。矿山机运工种的技术性强，必须由思想端正、技术全面的工人来担任。同时要加强临时用工的安全治理，尽量少用或不用临时工。除特殊情况外，特殊工种员工不能随意调换，要严格考核发证、持证上岗。(4)加强职工的安全教育培训工作。经常开展技术比武，对优越者给予重奖，调动职工学技术学业务的积极性。强化职工的安全教育培训，全面提高职工的安全业务素质。(5)加强矿井质量标准化治理。矿井质量标准化是矿山安全的基础，要把此项工作作为经常性的工作来抓，要通过推行矿井监管的信息化，实现由静态达标向动态达标转变，由重结果向重过程转变，实现生产全过程达标。(6)加强安全工作力度，向治理要安全。抓好安全生产，离不开有效的监视，失去了监视的作用，必然助长麻痹侥幸、违章蛮干的现象。监视不到位或流于形式，是导致安全事故的重要原因。因此，必须强化监视制约机制，充分发挥现场安检职员的作用。同时，必须坚持行之有效的安全治理制度，特别要建立和完善各级领导和业务部门的安全生产责任制和工人的岗位责任制，明确每个人的安全职责。强化安全资金激励机制，通过经济杠杆，严格考核，兑现奖罚，从而促进各项安全治理制度的落实。

64 矿井发生蹾罐时乘员如何自救和互救?

蹾罐是矿井提升运输中发生较多的一种事故。它对乘坐员工的伤害是向罐笼底部的强烈冲击，可造成腿部骨折等创伤。蹾罐时乘坐员工的自救互救措施是:(1)常乘坐罐笼的员工都知道，当罐笼下降到离停罐位置30多米处时，就要减速。当到达此处时还不减速，乘坐员工就要做好思想准

备，采取措施防止蹾罐对自己的伤害。(2)罐笼内员工拥挤时，应分散到两边，乘罐员工两手紧握罐内的扶手，提气使手用劲，有条件的可使两腿悬空，以便蹾罐时减少或免除对人体特别是腿部的伤害。(3)罐笼内员工较多时，不可能每人都握住罐内的扶手。未握住扶手的人也应靠两边站，并抓住握扶手的人，还应将两腿弯曲。这样蹾罐时就可减少由于人体惯性运行向罐底的冲击，从而减轻对乘罐员工的伤害。(4)发生蹾罐事故后，未受伤员工应立即在现场为创伤矿工进行止血、包扎和骨折的临时固定等急救处理，并迅速运送其至医院救治。

65 矿井罐笼断绳时乘员如何自救和互救？

乘罐员工发现罐笼运行情况出现异常时，如向上运行忽然变为向下运行并减速停止，向下运行忽然速度加快并减速停止，即可基本断定罐笼发生了断绳事故。在罐笼运行发生上述变化的过程中，乘罐员工应握紧罐笼内的扶手，不能握扶手的应抓住握扶手的人，以免罐笼快速停止时摔伤和出现其他伤害。罐笼由于保险装置的作用减速并停稳后，乘罐员工一定要镇静，切不可在罐笼中往返奔跑、推拉，发求救信号应以呼唤为主，以保持罐笼的平衡。罐笼停止处不论是否靠近立井的梯子间，遇险员工都不要打开罐帽盖冒险进梯子间。这样的坏处有：一是破坏罐笼的平衡，从而导致坠罐事故的发生；二是进梯子间的过程中有很大的危险性，稍不小心将会摔进井筒底部，因此乘罐员工必须耐心等待救援。救助断绳后罐笼中遇险员工的方法是：如罐笼停在靠梯子间这一边，可在对罐笼采取固定保险措施后，搭木板让遇险员工直接进梯子间脱险；如罐笼停在另一边，可使另一罐笼到达停罐处，再采取安全措施将遇险员工撤离到营救罐笼上，然后提升出井。

66　矿井吊桶翻转乘员被甩出后如何自救？

矿井有些小型吊桶，由于乘坐员工重心把握不好，在运行中会发生翻转，将员工倒出桶外。但因乘坐吊桶时身上系好了安全带，挂上了保险钩，员工出桶后被吊在钢丝绳四周，不会坠落井底，一般不会出现严重伤害。其自救措施是：(1)吊桶翻转乘坐员工被倒出桶外时，遇险员工不要抓吊桶两边的导向绳。由于导向绳是固定不动的，而吊桶翻转后绞车司机并不知道，吊桶和倒出的员工仍在钢丝绳运行。如抓住导向绳，不仅不能自救，还会发生创伤事故。(2)乘坐员工被倒出吊桶后，吊桶由于中心的作用，会自动恢复到原来的位置。被吊在钢丝绳四周的遇险员工，应抓住吊桶上沿，抓不住也要贴近吊桶。条件具备时应尽量向吊桶里爬。(3)乘坐员工被悬吊在钢丝绳四周时，不要过分紧张和害怕，应迅速恢复理智，在贴近吊桶后，采取呼唤和敲桶的方法发出求救信号。当吊桶快要落盘时，求救信号要急骤和响亮。(4)当吊桶即将落吊盘时，遇险员工要留意观察自己身体所处的位置，如腿部有可能进桶座位置被吊桶压住时，应用力推吊桶(吊桶不可能推动)，职员便可在吊桶的反作用下向外移动，离开桶座位置，避免伤害。

67 矿井的斜井人车断绳后乘员如何自救?

斜井都有人车断绳保险装置，断绳后会使人车自动停止下来，乘坐员工一般不会发生严重伤害。乘坐员工的自救措施是:(1)乘坐员工发现人车运行情况出现异常时，如向上运行忽然变为向下运行并减速停止，向下运行忽然速度加快并减速停止，即可基本断定人车发生了断绳事故。(2)在人车运行发生上述变化的过程中，乘车员工千万不能跳车。(3)当人车停稳后，乘坐员工要立即下车。(4)人车发生断绳事故后，跟车工应打乱点，发出事故信号，通知矿井有关员工及时组织抢救。

68 矿井斜井人车跳道运行时乘员如何自救?

斜井人车跳道后,由于绞车司机并不知道,因此不会停车,人车仍按原方向在轨道外运行。这时,乘坐员工的自救措施是:(1)人车跳道后,无论是向上还是向下运行,都会产生强烈的震动和颠簸。此时,跟车工应立即发停车信号。(2)人车在轨道外运行时,乘车员工要握紧车内的座椅靠背或扶手,以防止或减轻人车颠簸对人体的伤害。(3)人车运行时,不论震动和颠簸多么厉害,乘车员工千万不能跳车。人车停稳后,乘车员工要立即下车。

69 矿井钢丝绳皮带发生事故时乘员如何自救和互救?

乘人钢丝绳皮带常发生的事故是断钢丝绳和断皮带。乘坐员工的自救与呼救措施是:(1)牵引钢丝绳断后,皮带会停止运行,但对乘坐员工不会产生伤害。这时,乘坐员工应立即下皮带,并通知有关员工进行处理。(2)断皮带后,断口四周的乘坐员工会被皮带打伤或盖住。未受伤的员工应立即下皮带,到事故发生地点迅速拉开皮带,救出被打伤和盖

住的伤员，并根据创伤情况，在现场进行止血、包扎、骨折临时固定等急救处理。倾斜井巷皮带拉断后，乘坐员工不仅要迅速下皮带，还要留意观察皮带下滑情况，采取措施进行躲避，防止皮带下滑伤人。

70 矿井倾斜井巷跑车时遇险职员如何自救？

矿井斜井井巷发生跑车事故后，会发生剧烈而异常的声响。这时，在倾斜井巷中行走或工作的员工，应立即进躲避硐避灾。当来不及进躲避硐时，若巷道为砌碹或锚喷支护，应靠巷贴帮避灾；若巷道为架设的金属支架，应挤到支架贴帮避灾，若巷道很窄时，可捉住棚梁将身体向上收缩，使奔跑的车辆从下部通过。巷道中有水沟时，应趴在水沟中避灾；巷道中敷设管道时，应钻到管道下面贴巷道帮避灾。

第八章　职业危害

71　如何预防职业病有害因素?

由于作业场所内职业性有害因素包含的内容多,涉及的范围广,因此要预防职业病有害因素,除了管理人员要从思想上加以重视,认真贯彻执行国家有关法规、标准之外,企业采取各种有针对性的技术和管理措施也是十分重要的。企

业主要从以下几个方面加强工作:(1)生产工艺、生产材料的革新。以无职业性危害物质产生的新工艺、新材料代替有职业性危害物质产生的工艺过程和原材料是最根本的预防措施,也是职业卫生技术在实践中加以应用的发展方向。(2)尽可能地提高生产过程的自动化程度。以机械化生产代替手工或半机械化生产,可以有效地控制有害物质对人体的危害;采用隔离操作(将有害物质和操作者分离)和仪表控制(自动化控制),对于受生产条件限制、有害物质强度无法降低到国家卫生标准以内的作业场所来说,是很好的措施。(3)加强通风。加强通风是控制作业场所内污染源传播、扩散的有效手段。企业常用的通风方式有局部排风和全面通风换气。局部排风是在不能密封的有害物质发生源近旁设置吸风罩,将有害物质从发生源直接抽走,以保持作业场所的清洁。全面通风换气是指利用新鲜空气替换作业场所内含有害物质的空气,以保持作业场所空气中有害物质浓度低于国家卫生标准的一种方法。采取正确的通风措施,可以大大减少有害物质的散发面积,减少受害人员数量。(4)使用必要的防护用品。在有害物质浓度很高的作业场所,使用合格的个人防护用品可以有效防止有害物质从皮肤、消化道及呼吸道侵入机体。(5)合理照明。合理照明是创造良好作业环境的重要措施。照明安排不合理或亮度不够,可造成操作者视力减退、产品质量下降、工伤事故增多的严重后果。(6)合理规划厂区及车间。在新建、改建、扩建企业时,厂区的选择、规划，厂房建筑的配置及生活设施、卫生设备的设计要周密、合理；车间内部工件、机器的布置要合乎人机工程学的要求，应尽量减少劳动强度，保证工人在最佳体位下操作。(7)合理安排劳动时间，严格控制加班加点。企业要根据劳逸结合的原则，对员工的生产、工作、学习和休息进行合理安排，确保员工有充沛的精力参加工作。(8)加强卫生保健。对员工进行定期健康检查，搞好厂区内环境卫生工作。(9)湿式作业。在有粉尘产生的操作中采用加水的方法，可以大大减少粉尘的飞扬，减少粉尘在作业场所空气中的悬浮时间。(10)隔绝热源。采用隔热材料或水隔热等方法将热源密封，可以起到防止高湿、热辐射对人体的不良伤害。(11)屏蔽辐射源。使用吸收电磁辐射的材料屏蔽隔绝辐射源、减少辐射源的直接辐射作用，是放射性防护中的基本方法。(12)隔声、吸声。对噪声污染严重的作业场所，采取措施将噪声源和操作者隔离，用吸声材料将产噪设备密闭、减少产噪设备的振动等可以大大减少噪声污染。

第九章　水上安全

72 水上会发生哪些险情？

船舶在海（水）上航行时，由于恶劣的气象、海况、船舶结构和设备的缺陷、货物移动、人员过失等因素，存在着威胁人员、船舶和环境安全的各种危险情况。常见的水上险情大致有碰撞、搁浅、火灾、爆炸、自沉、浪损、人员落水、船体破损进水、风灾、机损、严重伤病等。另外，地震、海啸和山体滑坡也会给航行、停泊带来危险。

73 旅客出行不应乘坐哪些船舶？

船舶经过检验、办理登记、配备适任船员及相应航行文书资料等具备适航条件后方可载客航行。未办理登记或未经过船舶检验机构检验合格的船舶，不能搭载乘客。旅客乘船出行应注意:(1)不乘坐渔船、农用船、普通货船等非载客船舶出行。(2)不乘坐无船名牌、无载重线的船舶出行。船名牌、载重线是船舶经过相关主管机关登记、检验后所勘验的标志。(3)不乘坐超载的客船。超载是指船舶装载超过其载客载货限额。客船在船舱用名牌显示乘客定额。船舶和应载重线被水浸没即为超载。(4)不选择恶劣天气和海况下乘船出行。(5)不乘坐船体和救生圈破旧的船舶出行。(6)乘客上船后若发现载有煤气瓶、桶装油漆、酒精等危险品时,要立即下船。

74 什么样的天气、海况不宜出行?

无论出海游玩还是生产作业,出航都要考虑风、雾、暴雨等气象要素和当时的实际海况,如能见度严重不良、超过船舶抗风等级的大风等天气、海况时,不要冒险出航。大风对船舶的航行影响可分为两种:一是直接吹压到船上,使船舶发生偏转、摇摆和漂移;二是风作用于水面产生波浪,波浪对船舶操纵产生影响,波浪增大直接威胁船舶航行安全。雾、霾、雨、雪等会造成能见度降低,能见度不良时对船舶航行影响很大,容易引发碰撞、搁浅、触礁等事故。当能见度低于500米时,气象部门会根据能见度情况发布相应级别的预警信息。

75 针对各种险情，船舶怎样进行应变部署？

针对各种险情，船舶事先制定出应急部署，包括弃船、消防、堵漏、人员落水、综合应变和防污染部署。船舶配备有指明船员应变任务的应变部署表，开船前制定完毕，船长签字后将其副本贴在驾驶台、机舱、居住及公共场所。应变部署表明确了每个船员在各种险情下应达到的岗位和必须执行的任务。在平时要定期根据应变部署表进行演习，熟悉自己的岗位和任务，这样在发生险情时，船员才能迅速而正确地行动并有效控制险情。

76 船上有哪些救生设备？

船上个人救生设备主要有救生圈、救生衣和保温用具等。救生圈采用自然浮力材料制成，设有扶手绳。船舶每侧应至少有一个救生圈装有至少30米长的可浮救生索。有些救生圈设有自亮灯和自发烟雾信号。救生衣是一种穿着后在水中能够提供浮力以承托落水人员的背心。用帆布和尼龙布包裹浮材制成,不分正反,穿着方便,能将落水人员的头部托出水面,等待救援。救生衣备有用细绳系牢的哨笛和一盏白光或闪光灯。救生服,又称保温救生服,是一种能够减少人员在冰水中体热丧失的保护服。救生服能遮盖除脸部以外的整个身体。按热性能可分为非自然保温材料制成的保温服和自然保温材料制成的保温服两种,非自然保温材料制成的保温服应连同保暖衣服一起穿着。保温用具是指采用低导热率的防水材料制成的袋子或衣服,用来包裹人员,减少被包裹者体热散失。

77 如何救助落水人员?

救助落水人员的原则是:先发现先救,后发现后救;先救近处的,后救远处的;先救无救生器材的,后救有救生器材

的；先救伤病员，后救其他人员。落水的健康人员，可向救援船浮游，沿舷梯上船，船上人员给予必要的协助。若落水人员已失去浮游能力，救援人员应乘艇筏对落水人员进行救助，然后将其救上船。船舶救助落水待救人员时，若条件许可，救助船提前从下风舷释放救助艇或救生艇，并派出救生人员，先将落水人员救到救助艇上，然后返回大船。救助船应事先于下风舷侧放下舷梯、软梯、救生网等，供落水人员攀爬登船。在恶劣海况下，利用救助网、救助软梯、救生吊篮等救助落水待救人员比较安全。

78 从船舶向直升机运送伤员应如何操作?

船舶向直升机运送伤员时应注意：(1)清理甲板上的杂物，固定所有的支索、天线、吊杆和旗杆。有雷达的船舶应在直升机到来前关闭雷达。(2)指定一名船员向直升机发手势信号。(3)直升机放下的升降索及吊升专用设备在未接触海水之前，船上人员切勿用手触或抓握吊升设备的金属部位，以防止静电放电，造成伤害。若吊升设备上系有引导拉索时，可立即抓住，以防与船上设备挂钩或缠绕。(4)登乘吊具的行动应准确、迅速、稳妥。当吊具离开甲板悬空时，可能产生旋转摆动或擦碰船上的其他障碍物。为防止由此可能带来的危险，可控制引导拉索，但不要站在吊具的下方并防止引导拉索缠在自己身上。

(5)条件许可时,遇险船和救助直升机之间应建立直接的无线电通话。

79 船上火灾有哪几种,有哪些备用灭火器?

船上火灾一般分为A、B、C、D和带电火灾五类。A类火灾:指含碳固体可燃物,如木材、棉、毛、麻、纸张等燃烧的火灾。最有效的灭火剂是水。B类火灾:指甲、乙、丙类易燃液体,如汽油、柴油、甲醇、乙醚、丙酮等燃烧的火灾。最佳灭火剂是泡沫。C类火灾:指可燃气体,如野火石油气、煤气、天然气、甲烷、丙烷、乙炔、氢气等燃烧的火灾。最有效的灭火剂为干粉。D类火灾:指可燃金属,如钾、钠、镁、钛、钴、锂、合金等燃烧的火灾。最有效的灭火剂是金属形7150干粉,沙子、石墨等粉末灭火剂可用来扑灭金属火灾。带电火灾:指带电

物体燃烧的火灾。扑灭此类火灾的原则是首先切断电源。若无法切断电源，应采用干粉等绝缘性好的不导电灭火剂灭火。

 80 船员、旅客听到火灾报警后应如何行动？

船员听到火灾报警后的行动要领主要是确认报警和按应急部署行动。具体包括以下几点：(1)确认火灾的报警，不要与救生信号弄混，延误宝贵的时机，并根据警报弄清火灾发生的区域。(2)在2分钟内携带应变部署表中规定的消防器材和设备，到达消防集合地点。(3)根据总指挥和现场指挥指示，分组进行应急行动。(4)要保护旅客和船员的人身安全。(5)保持镇静，服从指挥。旅客听到火灾报警后，应注意以下行动要领：保持镇静，听从船上人员指挥；查看舱室内有关报警的声响代表的含义，了解报警的种类；迅速穿好衣服和正确穿好救生衣；听从船员指挥，进入集合地点；不要拥挤，保持通道和梯道上的秩序，顺着脱险通道路线前进；进入集合地点要听从船员的指挥。如需撤离船舶，有组织地进入救生艇筏，妇女和儿童优先，千万不要争抢救生设备，提前进入救生艇，更不能盲目跳入大海。

81 客船上脱险通道的布置应注意哪些事项?

客船脱险通道是指船上人员在紧急情况下能够安全迅速撤向救生艇登乘地点的通道。客船起居处所和服务处所通道的布置要注意以下几点:(1)每一处所至少有两条脱险通道,其中至少有一个能通往形成垂直脱险通道的梯道;脱险通道应维持安全状态,内无障碍物。(2)电梯不应作为脱险通道。(3)脱险通道的门一般向逃生的方向开启。(4)脱险通道布置灯光或荧光条形显示标志,设在甲板上不超过300 毫米的高度。通过显示标志,乘客能辨认出整个脱险通道并迅速断定脱险通道出口。(5)客舱的门不用钥匙即可从舱室内打开;沿着任何指定的逃生路线向逃生方向前进时,途中的任何门也都不需钥匙即可打开。

第十章 小学生安全

82 课间活动应注意什么？

室外空气新鲜，课间活动应尽量在室外，但不要远离室外，以免耽误下面的课程。活动的强度要适当，不要做剧烈的运动，以保证继续上课时不疲劳、精力集中、精神饱满。活动的方式要简便易行，如做操、做游戏等。活动要注意安全，要避免发生扭伤、碰伤等危险。

83 怎样保证郊游、野营活动的安全？

郊游、野营活动要准备充足的食品和饮用水。准备好手电筒和足够的电池，以便夜间照明使用。准备一些常用的治疗感冒、外伤、中暑的药品。要穿运动鞋或旅游鞋，不要穿皮鞋，穿皮鞋长途行走脚容易磨泡。早晨夜晚天气较凉，要及时添加衣物，防止感冒。活动中不要随便单独行动，应结伴而行，防止发生意外。晚上注意充分休息，以保证有充足的精力参加活动。不要随便采摘、食用蘑菇、野菜和野果，以免发生食物中毒。活动要有成人组织、带队，遇有影响安全的情况要及时报告。

84 登山活动应注意什么？

登山时要有老师或家长带队，要集体活动。登山的地点应慎重选择。要向附近居民了解清楚当地的地理环境和天气变化的情况，选择一条安全的登山路线，并做好标记，防止迷路。备好运动鞋、绳索、干粮和水。在夏季，一定要带足水，因为登山会出汗，如果不补充足够的水分，容易发生虚脱、中暑。最好随身携带急救药品，如云南白药、止血绷带等，以便在发生摔伤、碰伤、扭伤时派上用场。登山时间最好放在早晨或上午，下午应该下山返回驻地。不要擅自改变登山路线和时间。背包不要手提，要背在双肩，以便于双手抓攀。还可以用结实的长棍作手杖，帮助攀登。活动中，千万

不要在危险的崖边照相，以防发生意外。

85 游泳时应注意什么？

游泳需要进行体格检查，不适合游泳的体质不要盲目参加。游泳时要慎重选择游泳场所，不要到江河湖泊去游泳。下水前要做准备活动。饱食或饥饿时、剧烈运动和繁重劳动以后不要游泳。水下情况不明时，不要跳水。发现有人溺水，不要贸然下水营救，应大声呼唤成年人前来救助。

86 滑冰如何保证安全？

滑冰时要选择安全的场地，在自然结冰的湖泊、江河、水塘滑冰，应选择冰冻结实，没有冰窟窿和裂纹、裂缝的冰面，要尽量在距离岸边较近的地方。初冬和初春时节，冰面尚未

冻实或已经开始融化，千万不要去滑冰，以免冰面断裂而发生事故。初学滑冰者，不可性急莽撞，应循序渐进。滑冰时要注意保持身体重心平衡，避免向后摔倒而摔坏腰椎和后脑。人多时，要注意力集中，避免相撞。结冰的季节，天气十分寒冷，滑冰时要带好帽子、手套，注意保暖，防止感冒和身体暴露的部分发生冻伤。滑冰的时间不可过长，在寒冷的环境中活动，身体的热量损失较大。在休息时，应穿好防寒外衣，同时解开冰鞋鞋带，活动脚部，使血液流通，这样能防止生冻疮。

87 在游乐场活动应注意哪些安全事项？

在游乐场所活动最好有老师或家长带领，活动时要遵守游乐场的安全规定。要选择经国家检测合格的安全、正规的游乐场。参加每一项活动，都要严格按规定采取保险措施，例如系好安全带、锁好防护栏等，不要开玩笑或冒险做出一些危险的举动。患病或身体不适时，不要勉强参加活动。

88 游戏时如何保证安全?

游戏时要注意选择安全的场所。要远离公路、铁路、建筑工地、工厂的生产区;不要进入枯井、地窖、防空设施;要避开变压器、高压电线;不要攀爬水塔、电杆、层顶、高墙;不要靠近深湖(潭、河、坑)、水井、粪坑、沼气池等。这些地方非常容易发生危险,稍有不慎,就会造成伤亡事故。要选择安全的游戏来做。不要做危险性的游戏,不要模仿电影、电视中的危险镜头,例如扒乘车辆、攀爬高的建筑物、用刀棍等互相打斗、用砖块等互相投掷、点燃树枝废纸等。这样的游戏危险性很大,容易造成预料不到的后果。游戏时要选择合适的时间,游戏的时间不能太久,这样容易过度疲劳,发生事故的可能性就会大大增加。最好不要在夜晚游戏,天黑视线不好,人的反应能力也降低,容易发生危险。

89 燃放烟花爆竹如何保证安全?

儿童燃放烟花爆竹时应该有大人带领。烟花爆竹应该存放在远离火源的安全地方,不能放在炉火旁。为了防止发生火灾,严禁在阳台、室内、仓库、场院等地方燃放鞭炮。也不允许在商店、影剧院、酒店等公共场所燃放。严禁用鞭炮玩打"火仗"的游戏,这样做很容易伤人。燃放时,应将鞭炮放在地面上,或者挂在长竿上,不要拿在手里,这样做很危险,容易发生伤害。点燃鞭炮后,若没有炸响,在未确认不存在安全问题之前,不要急于上前查看。燃放烟花爆竹,不要横放、斜放,也不要燃放"钻天猴"之类的升空高、射程远的难以控制的品种,以防止引起火灾或炸伤人。

90 上体育课时衣着应注意些什么?

上体育课时衣服上不要别胸针、校徽、证章等。上衣、裤子口袋里不要装钥匙、小刀等坚硬、尖锐锋利的物品。不要佩戴各种金属的或玻璃的装饰物。头上不要带各种发卡。患有近视的青少年,如果必须戴眼镜,做动作时一定要小心谨慎。做垫上运动时,必须摘下眼镜。不要穿塑料底的鞋或皮鞋,应当穿球鞋或一般胶底布鞋。衣服要宽松合体,最好不穿纽扣多、拉链多或者有金属饰物的服装。有条件的应该穿着运动服。

91 参加运动会应注意什么?

中小学生参加运动会要遵守赛场纪律,服从调度指挥,这是确保安全的基本要求。没有比赛项目的青少年不要在赛场中穿行、玩耍,要在指定的地点观看比赛,以免被投掷的铅球、标枪等击伤,也避免与参加比赛的青少年相撞。参加比赛前要做好准备活动,以使身体适应比赛。在临赛的等待时间里,要注意身体保暖,春秋季节应当在轻便的运动服外再穿上防寒外衣。临赛前不可吃得过饱或者过多饮水。临赛前半小时内,可以吃些巧克力,以增加热量。比赛结束后,不要立即停下来休息,要坚持做好放松运动,例如慢跑等,使心脏逐步恢复平静。剧烈运动后,不要马上大量饮水、吃冷饮,也不要立即洗冷水澡。

92 参加集体劳动等社会实践活动应如何保证安全?

参加社会实践活动,青少年们将面对许多从未接触过或不熟悉的事情,要保证安全,最重要的是遵守活动纪律,听从老师或有关人员的指挥,统一行动,不各行其是。参加社会实践活动,要认真听取有关活动的注意事项,什么是必须做的,什么是不允许做的,不懂的地方要询问,了解清楚。参加劳动,青少年必然要接触、使用一些劳动工具、机械电器设备,在这个过程中,要仔细了解它们的特点、性能、操作要领,严格按照有关人员的示范,并在他们的指引下进行。对活动现场一些电闸、开关、按钮等,不随意触摸、拨弄,以免发生危险。注意在指定的区域内活动，不随意四处走动、游览，以防意外发生。

93 手脚冻僵了怎么办？

手脚冻僵时应该回到温暖的环境中去，使冻僵部位的温度慢慢回升。如果在野外，应当设法用大衣等将手脚包裹起来，还可以互相借助体温使冷僵的手脚暖和过来。最有效的方法是用手搓，通过摩擦增加温度，促进自身的血液循环，以恢复正常。

94 掉进冰窟窿里怎么办？

掉进冰窟里不要惊慌，要保持镇静，尽量大声呼救，争取他人相救。应当用脚踩冰，使身体尽量上浮，保持头部露出水面。不要乱扑乱打，这样会使冰面破裂加大。要镇静观察，寻找冰面较厚、裂纹小的地点脱险。此时，身体应尽量靠近冰面边缘，双手扶在冰面上，双足打水，使身体上浮，身体呈俯卧姿势。双臂向前伸张，增加全身接触冰面的面积，一点一点爬行，使身体逐渐远离冰库。离开冰窟口，千万不要立即站立，要卧在冰面上，用滚动式爬行的方

式到岸边再上岸，以防冰面再次破裂。年龄较小的青少年发现有人遇险，不可贸然去救，应高声呼喊成年人相助。在紧急情况下，救人的正确方法是将木棍、绳索等伸给落水者，自己应扒在冰面上进行营救，要防止营救他人时冰面破裂致使自己落水。

95 外出时迷失了方向怎么办？

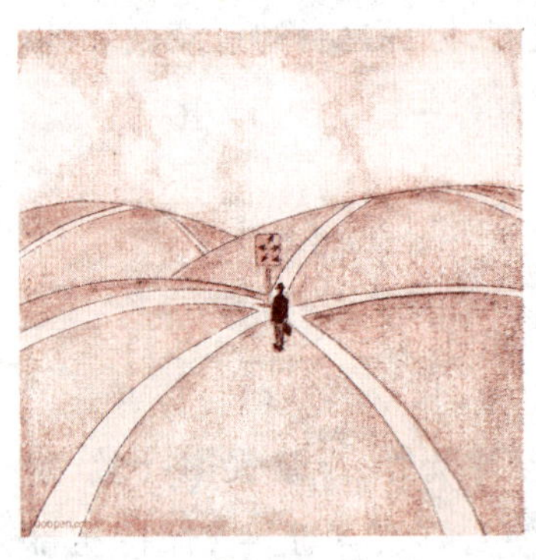

平时应当注意准确地记下自己家庭所在的地区、街道、门牌号码、电话号码及父母的工作单位名称、地址、电话号码等，以便需要联系时能够及时联系。在城市迷了路，可以根据路标、路牌和公共汽（电）车的站牌辨认方向和路线，还可以向交通民警或治安巡逻民警求助。在农村迷了路，应当尽量向公路、村庄靠近，争取当地村民的帮助。如果是在夜间，则可以循着灯光、狗叫声、公路上汽车的马达声找有人的地方求助。如果迷失了方向，要沉着镇静，开动脑筋想办法，不要瞎闯乱跑，以免造成体力的过度消耗和意外。

96 行走时如何注意安全?

在道路上行走,要走人行道;没有人行道的道路,要靠近路边行走。集体外出时,最好有组织、有秩序地列队行走;结伴外出时,不要互相追逐、打闹、嬉戏;行走时要专心,注意周围情况,不要东张西望、边走边看书报、玩手机或做其他事情。在没有交通民警指挥的路段,要学会避让机动车辆,不与机动车辆争道抢行。在雾、雨、雪天,最好穿着色彩鲜艳的衣服,以便于机动车司机及早发现目标,提前采取安全措施。小学生外出可以头戴小黄帽,便于机动车及时发现避让。

97 骑自行车应注意哪些安全事项?

要经常检修自行车,保持车况完好,车闸、车铃是否灵敏、正常尤其重要。自行车的车型大小要适合,不要骑儿童玩具车上街,也不要人小骑大型车。不要在马路上学骑自行车;未满 12 岁的儿童,不要骑自行车上街。骑自行车要在非机动车路上靠右边行驶,不逆行;转弯时不抢行猛拐,要提前减速慢行,看清四周情况,以明确的手势示意后再转弯;经过交叉路口,要减速慢行,注意来往的行人、车辆;不闯红灯,遇到红灯要停车等候，待绿灯亮了再继续前行。骑车时不要双手撒把，不多人并骑，不互相攀扶，不互相追逐、打闹。骑车时不攀扶机动车辆，不载过重的东西，不骑车带人，不在骑车时戴耳机听广播。

98 乘坐汽车应注意什么？

乘坐公共汽车，要排队等候，按先后顺序上车，不要拥挤。上下车均应等车停稳以后，先下后上，不要争抢。不要把汽油、烟花爆竹等易燃易爆的危险品带入车内。乘车时不要把头、手、胳膊伸出窗外，以免被对面来车或路边树木等刮伤；也不要向车外乱扔杂物，以免伤及他人。乘车时要坐稳扶好，没有座位时，要双脚自然分开，侧向站立，手应握紧扶手，以免车辆紧急刹车时摔倒受伤。乘坐小轿车、微型客车时，在前排乘坐时应系好安全带。尽量避免乘坐卡车、拖拉机，必须乘坐时，千万不要站立在后车厢里或坐在车厢板上。不要在机动车道上招呼出租汽车等。

99 怎样避免坠入下水管道竖井？

小学生在街道上行走或骑自行车，应集中精力，注意观察路面情况，夜晚路黑或路灯光线不足时要倍加小心。下雨天道路积水会漫过井口，所以行路时要格外注意，避免意外伤害。发现井盖损坏、丢失，存在潜在危险的情况，可以报告巡逻民警或有关管理人员，以及时排除危险。

100 横穿马路时应注意什么？

穿越马路，要听从交通民警的指挥；要遵守交通规则，做到“绿灯行，红灯停”；要走人行横道线，在有过街天桥和过街地道的路段，应自觉走过街天桥和地下通道。穿越马路时，要走直线，不可迂回穿行；在没有人行横道的路段，应先看左边，再看右边，再确认没有机动车通过时方可以穿越马路。不要翻越道路中央的安全护栏和隔离墩，不要突然横穿马路，特别是马路对面有熟人、朋友呼唤，或者自己要乘坐的公共汽车已经进站时，千万不要贸然行事，以免发生意外。

101 在雨雪天骑自行车如何注意安全？

骑车途中遇雨，不要为了免遭雨淋而埋头猛骑。雨天骑

车，最好穿雨衣、雨披，不要一手持伞、一手扶把骑行。雪天骑车，自行车胎不要充气太足，这样可以增加与地面摩擦，不易滑倒；雪天骑车，应与前面的车辆、行人保持较大的距离；雪天骑车，要选择无冰冻、雪层浅的平坦路面，不要猛捏车闸，不急拐弯，拐弯的角度也应尽量大些。雨雪天气，道路泥泞湿滑，骑车一定要更加集中，随时应付突发情况，骑行的速度要比正常天气时慢些才好。

102 乘坐火车时怎样保证安全？

乘坐火车时要按照车次的规定时间进站候车，以免误车。在站台上候车，要站在站台一侧白色安全线以内，以免被列车卷下站台，发生危险。列车行进中，不要把头、手、胳膊伸出窗外，以免被沿线的信号设备等刮伤。不要在车门和车厢连接处逗留，那里容易发生夹伤、扭伤、卡伤等事故。不带易燃易爆的危险品（如汽油、鞭炮等）上车。不向车外扔废弃物，以免砸伤铁路边行人和铁路工人，同时也避免造成环境污染。乘坐卧铺列车，睡上、中铺要系好安全带，防止掉下摔伤。保管好自己的行李物品，注意防范盗窃分子。

103 怎样预防铁路交通事故?

不在铁路线和铁路道口玩耍、逗留。不钻车、扒车、跳车。需要通过铁路道口时,要听从管理人员的指挥。遇到道口栏杆(拦门)关闭、红灯亮时,表示有列车即将通过,不可强行或者钻越栏杆通过道口。通过无信号灯也无人看守的铁路道口时,必须停下来仔细观察,在确认没有列车开来时再通过。如果发现有列车开来,要退到距离道口 5 米以外停车,等列车通过后再通过道口。不要攀登电气化铁路上的接触网支柱、铁塔等设备,以防触电。

104 乘船时要注意哪些安全事项?

为了确保航运安全,凡符合安全要求的船只,有关管理部门都发有安全合格证书。外出旅行,不要乘坐无证船只,不要乘坐超载的船只,这样的船没有安全保证。上下船要排队按次序进行,不得拥挤、争抢,以免造成挤伤、落水等事故。天气恶劣时,如遇大风、大浪、浓雾等,应尽量避免乘船。不在船头、甲板等地打闹、追逐,以防落水。不拥挤在船的一侧,以防船体倾斜,发生事故。船上的许多设备都与保证安全有关,不要乱动,以免影响正常航行。夜间航行，不要用手电筒向水平、岸边乱照，以免引起误会或使驾驶员产生错觉而发生危险。一旦发生意外，要保持镇静，听从有关人员指挥。

105 预防火灾应注意什么？

不玩火。有的同学对火感到新奇，常常背着家长和老师做玩火的游戏，这是十分危险的。玩火时，一旦火势蔓延或者留下未熄灭的火种，容易引起火灾。不吸烟。吸烟危害身体健康，又容易诱发火灾，要遵守学生守则和学校的规章制度，坚决杜绝吸烟。爱护消防设施。为了预防火灾，防止火灾事故，居民楼、公共场所都设置了消防栓、灭火器、消防沙箱等消防设施，还留有供火灾发生时人员疏散的安全通道，要自觉爱护消防设施，保证安全通道的畅通。

106 怎样避免陌生人闯入家中？

独自在家要锁好院门、防盗门、防护栏等。如果有人敲门，千万不要盲目开门，应首先从门镜观察或隔门查清楚来人的身份。如果是陌生人，不应开门；如果有人以推销员、修理工等身份要求开门，可以说明家中不需要这些服务，请其离开；如果有人以家长同事、朋友或者远房亲戚的身份要求开门，也不能轻信，可以请其待家长回家后再来。遇到陌生人不肯离去，坚持要进入室内的情况，可以称要打电话报警，或者到阳台、窗口高声呼喊，向邻居、行人求援，以震慑迫使其离去。不邀请不熟悉的人到家中做客，以防给坏人可乘之机。

107 被歹徒盯上怎么办?

发现被歹徒盯上，不能惊慌，要保持头脑清醒、镇定。同时根据自己的体力和心理状态、周围情况、歹徒的动机来决定对策。如果只是被歹徒盯上，应迅速向附近的商店、繁华热闹的街道转移，那里人来人往，歹徒不敢胡作非为；还可以就近进入居民区求得帮助。如果被歹徒纠缠，应高声喝斥令其走开，并以随身携带的雨伞和就地拎起的木棍、砖块等作防御，同时迅速跑向人多的地方。

遇到拦路抢劫的歹徒，可以将身上少量的财物交给歹徒，应付周旋，同时仔细记下歹徒的相貌、身高、口音、衣着、逃离方向等情况，待事后立即向民警或公安部门报告。如果遇到凶恶的歹徒，自己又无法脱离危险，就一定要奋力反抗，免受伤害。反抗时，要大声呼喊以震慑歹徒；动作要突然迅速，打击歹徒的要害部位，在此过程中要不断寻机会脱身。应切记，不到迫不得已时不要轻易与歹徒发生正面冲突，最重要的是运用智慧，随机应变。

108 怎样做好学生宿舍的安全防范措施？

要加强自我防护意识，提高警惕性，不给坏人可乘之机。晚上入睡前要关好门窗，并检查门锁是否牢固。夜晚有人来访，不轻易开门接待；陌生人来访，一定不要开门，坚决拒之门外。夜晚到室外上厕所，要穿好衣服，结伴而行，最好携带电筒以及防卫用具等。假期不回家的学生，应集中就寝，避免独居一室。宿舍中可以准备一些木棍等防卫用具，一旦遭到袭击，要团结一致，坚决防卫，与坏人搏斗，同时大声呼救或者设法报警，以求得援救。

第十一章　传染性疾病

109 如何应对流行性感冒？

流行性感冒简称流感，由流感病毒引起，主要通过空气飞沫传播，是具有高度传染性的急性呼吸道传染病。流感发病快，传染性强，发病率高。流感的症状重，发烧多在38度以上，且浑身酸疼、头痛明显，而呼吸道症状如咳嗽、流鼻涕则较轻。对于老年人、儿童、孕妇和体弱多病的人群，流感容易引发严重的并发症，甚至致人死亡。有流感症状时，要注意休息，多喝水，并开窗通风。流感病人应与家人分餐。流感病人的擤鼻涕纸和吐痰纸要包好，扔进加盖的垃圾桶，或直接扔进抽水马桶用水冲走。流感病人要与家人（特别是老年人和孩子）分室居住。发生流

感时应尽量避免外出活动，不要去商场、影剧院等公共场所，必须出门时应戴口罩。重症病人应到医院隔离治疗。

平时要保持空气流通，即使在冬季，每天也要开窗通风3次以上，每次至少10至15分钟。空调设备应定期清洗空气过滤网。不随地吐痰，打喷嚏、咳嗽时一定要捂住嘴。流感早期服用感冒冲剂或板蓝根冲剂，可减轻症状。无论何种原因，如身体持续发热，都应尽早就医。要定期注射流感疫苗。

110 如何应对病毒性肝炎？

病毒性肝炎是由肝炎病毒引起的一种传染性疾病，分甲、乙、丙、丁、戊五种类型。甲戊型肝炎一般通过饮食传播，毛蚶、泥蚶、牡蛎、螃蟹等均可成为甲肝病毒携带物。乙、丙、丁型肝炎主要经血液、母婴和性传播。部分慢性乙型肝炎患者还可能发展为肝癌或肝硬化。病毒性肝炎的主要症状是身体疲乏、食欲减退、恶心、腹胀、肝脾肿大及肝功能异常，部分病人可能出现黄疸。乙肝、丙肝病毒携带者可能会无任何肝炎症状。平时要养成用流动的水勤洗手的好习惯。生熟食物要分开放置和储存，避免熟食受到污染。食用毛蚶、牡蛎、螃蟹等水产品，需加工至熟透再吃。生吃瓜果蔬菜要洗净，不喝生水。肝炎病人自发病之日起需进行3周的隔离。从事食品加工和销售、水源管理、托幼保教工作的肝炎病人，应暂时调离工作岗位。对肝炎病人用过的餐具要消毒，在开水中煮15分钟以上。不要与肝炎病人共用生活用品，对其用过或接触过的公共物品和生活物品要消毒。如与肝炎病人共用同一个厕所，要用消毒液或漂白粉对便池消毒。不要与甲、乙、丙、丁型肝炎病人及病毒携带者共用剃刀、牙具。不要与乙肝病人发生性关系，如发生性关系时，要使用避孕套或提前接种乙肝疫苗。

111 如何应对流行性出血性结膜炎（红眼病）？

流行性出血性结膜炎俗称红眼病，是由病毒引起的急性传染性眼炎。它的主要症状是眼部充血肿胀，有异物感，眼部分泌物增多。患上红眼病应及时就诊，并告知他人注意预防。不与红眼病人共用毛巾及脸盆。红眼病人应尽量不去人群密集的商场、游泳池、公共浴池、工作单位等公共场所。红眼病人使用的毛巾，要用蒸煮15分钟的方法进行消毒，接触过的公共物品，要用含氯消毒剂进行消毒。红眼病人可以使用抗病毒的滴眼液滴眼治疗。当学校等人群密集的场所发现红眼病患者时，应报告卫生防疫部门。红眼病患者要注意将生活用品和办公用品与他人分开使用，养成不用脏手揉眼睛的习惯。为预防红眼病，外出时应携带消毒纸巾，不用他人的毛巾擦手、擦脸；外出后回家、回单位时，应使用流动的水洗手、洗脸。尽量不去卫生状况不好的美容美发店、游泳池,那里有可能成为红眼病的传染源。

112 如何应对狂犬病?

狂犬病是一种急性传染病,病死率达 100%。人被带有狂犬病毒的狗、猫咬伤、抓伤后,会引起狂犬病。狂犬病的典型症状是发烧、头痛、恐水、怕风、四肢抽搐、喉肌痉挛、牙关紧闭等。被宠物抓伤、咬伤后,应立即到狂犬病免疫预防门诊接种狂犬病疫苗。第一次注射狂犬病疫苗的最佳时间是被咬伤后的 24 小时内;之后第 3 天、第 7 天、第 14 天和第 28 天再各注射一次。被宠物咬伤、抓伤后,首先要挤出血,用

3%～5%的肥皂水反复冲洗伤口；然后用清水冲洗干净，冲洗伤口至少要20分钟；最后涂擦浓度75%的酒精或者2%～5%的碘酒。只要未伤及大血管，切记不要包扎伤口。如果一处或多处皮肤形成穿透性咬伤，伤口被犬的唾液污染，必须立刻注射疫苗和抗狂犬病血清。将攻击人的宠物暂时单独隔离，立即带到附近的动物医院诊断，并向动物防疫部门报告。养犬人有义务按照规定为犬接种疫苗。发现宠物精神沉郁、喜卧暗处、唾液增多、后身躯体软弱、行动摇晃、攻击人畜、恐水等症状，要立即送动物医院或兽医站诊断。人被犬攻击并咬伤，应立即向公安部门报告。

113 如何应对非典型性肺炎？

非典型性肺炎（SARS）是一种由新型冠状病毒引起的严重急性呼吸道症候群，主要通过近距离呼吸道飞沫、直接接触病人呼吸道分泌物及密切接触传播。非典型性肺炎的症状是发热、干咳、呼吸急促、呼吸困难等。该病的症状与流感和肺炎不易区别，如不及时治疗，会导致人死亡。发现上述症状应及时到医院感染疾病科的发热门诊就医。一旦确诊，需要住院并隔离治疗，主动配合预防控制部门作好相关调查。如出现SARS疫情，一般人尽可能不去医院，必须去医院的，需戴上口罩，回家后洗手、洗脸消毒。家庭居室和办公室要经常开窗通风，即使在冬季，每天也要开窗通风 3 次以上，每次至少 10 至 15 分钟。SARS 的潜伏期一般自与病人密切接触后 14 天内发病。与 SARS 病人有过密切接触的人，应立即向当地疾病预防控制中心报告，并定时测量自己的体温。平时要勤洗手、勤消毒，不随地吐痰，打喷嚏、咳嗽时一定要捂住口鼻。

114 如何应对鼠疫？

鼠疫是由鼠疫杆菌引起的、流行极快的烈性传染病。经呼吸道吸入或经消化道食入，通过黏膜和皮肤接触，都会感染鼠疫。它不易治愈，死亡率高。鼠疫的主要症状是突发高热，伴有急性淋巴结肿大、淋巴结剧烈疼痛、咳嗽、咳血痰、意

识障碍等。如果人体出现不明原因的高热，淋巴结肿大、疼痛、咳嗽、咳血痰等症状，应立即到医院就诊。一旦确诊，立即将病人隔离，由专业人员对病人用过、接触过的物品及房间进行消毒。接触过鼠疫病人者应立即向疾病预防控制中心报告。立即采取统一的灭鼠、灭蚤行动。发生疫情，须服从当地政府、疾病预防控制中心的指挥，严禁无关人员进入疫区。

115 如何应对霍乱？

霍乱是由霍乱弧菌引起的、经消化道传播的烈性肠道传染病。它发病急、传染快、病死率高，多发生在每年的 4 ~ 10 月。霍乱的典型症状是剧烈腹泻，大便呈米泔水样，无腹痛，不发烧。出现类似霍乱的症状时，应立即到医院的肠道门诊就医。确诊病人应向医务人员如实提供进餐地点、所用食物和共同进餐的其他人员名单。确诊病人要在医院接受隔离治疗。配合卫生防疫部门对病人使用过的餐具、接触过的生活物品和办公用品进行消毒，被病人吐泻物污染的物品最好焚烧处理。不吃腐烂变质或不洁的食物，不吃生的或半生不熟的水产品。注意饮水卫生，不喝生水。

116 如何防止流行性出血热?

流行性出血热是一种由汉坦病毒引起的自然疫源性疾病。流行性出血热的早期症状是发热、“三痛”(头痛、腰痛、眼眶痛),“三红”(颜面、颈、上胸部潮红),皮肤黏膜出血及肾脏损害等。该病病毒可以侵犯人的多个器官和系统,目前没有特效的治疗方法。出现上述症状应及时到医院就诊,确诊后立即进行隔离治疗。对病人用过、接触过的物品进行消毒。与病人有过接触者,发现不适应立即去医院就诊。此病强调早发现、早休息、早治疗和就近治疗。发现有死老鼠应深埋或焚烧,接触死老鼠时应戴手套或使用器具。家中食物不要裸露摆放,以防老鼠的分泌物将食物污染。野外作业时要注意灭鼠,避免与鼠类及其排泄物、分泌物接触。高危人群要根据医生的建议接种流行性出血热疫苗。

117 如何应对埃博拉病毒传染?

埃博拉病毒是一种十分罕见的病毒,1976 年在苏丹南部和刚果(金)(旧时称扎伊尔)的埃博拉河地区发现它的存在,这一发现引起医学界的广泛关注和重视,“埃博拉”由此而得名。它是一个用来称呼一群属于纤维病毒科埃博拉病毒属下数种病毒的通用术语，是一种能引起人类和灵长类动物产生埃博拉出血热的烈性传染病毒，有很高的死亡率，在50%至90%之间，致死原因主要有中风、心肌梗塞、低血容量休克或多发性器官衰竭。目前尚无获准使用的埃博拉疫苗。有几种疫苗正在进行临床试验，但目前尚无任何可用于临床。提高对危险因素的认识，并采取有效的防范措施，是减少发病和死亡的唯一方法。虽然最初的埃博拉病例是通过处理受感染动物或其尸体而引起的感染，但续发病例感染往往是直接接触病例体液，或不安全的病例管理和丧葬操作造成的。自2014年2月开始爆发于西非的大规模病毒疫情是通过人间传播扩散造成的。采取以下措施可以帮助预防感染，限制传播：(1)了解疾病的性质、疾病是如何传播的以及如何防止其进一步扩散的知识。(2)遵从国家卫生部发布的指导性文件。(3)如果怀疑周边的人感染了埃博拉病毒，鼓励并支持他们到医疗机构寻求医学治疗。(4)处理埃博拉死亡病例时必须穿戴合适的防护设备。世界卫生组织强烈建议，人们应从卫生部门获取埃博拉方面的可靠健康建议。在疫情期间，世卫组织定期评估公共卫生形势，并在必要时提出旅行或贸易限制的建议。由于埃博拉的人际传播是由于直接接触感染病人的体液或分泌物造成的，因此旅行者感染的风险很低。世卫组织的一般性旅行建议：(1)旅客应避免与病人发生任何接触。(2)前往受影响地区的医务人员严格遵守世卫组织推荐的感染控制指南。(3)曾在最近报告病例的地区停留过的任何人,均应了解疾病的症状,并在出现疾病最初迹象时求医。(4)为从疫区归来且出现相关症状的旅行者提供诊治服务的临床医生,要考虑患者感染埃博拉病毒的可能性。

118 如何预防艾滋病?

艾滋病即获得性免疫缺陷综合征,是由人类免疫缺陷病毒引起的一种严重传染病。艾滋病病毒简称 HIV,是一种能攻击人体免疫系统的病毒。它把人体免疫系统中最重要的 T4 淋巴细胞作为攻击目标,大量吞噬、破坏 T4 淋巴细胞,从而破坏人的免疫系统,最终使免疫系统崩溃,使人体因丧失对各种疾病的抵抗能力而死亡。此症状可通过直接接触黏膜组织的口腔、生殖器、肛门等或带有病毒的血液、精液、阴道分泌液、乳汁而传染。预防艾滋病,首先要遵纪守法,洁身自爱,正确恋爱,反对婚前性行为,不搞卖淫、嫖娼等违法活动。要远离毒品,不以任何方式吸毒。不使用未经检验的血液制品,减少不必要输液。不去消毒不严的医疗机构注射、拔牙、针灸、整容和手术。不用公共牙刷、剃须刀，避免工作或生活中沾染伤者血液的血迹。患有性病及时积极治疗，否则已存病易增加艾滋病(HIV)感染的危险。

119 如何预防麻风病？

麻风病是有麻风杆菌引起的一种慢性接触性传染病。它主要侵犯人体皮肤和神经，如果不治疗，可引起皮肤神经、四肢和眼的进行性和永久性损害。麻风病的流行历史悠久，分布广泛，给流行区人民带来沉重灾难。要控制和消灭麻风病，必须坚持“预防为主”的方针，贯彻“积极防治，控制传染”的原则，执行“边调查，边隔离，边治疗”的做法，发现和控制传染病源，切断传染途径，给予规则的药物治疗，同时提高周围自然人群的免疫力。鉴于目前对麻风病人的预防，缺少有效预防疫苗和理想的预防药物，因此在治疗方法上，要利用有效方法早期发现病人，对发现的病人，应及时给予规则的联合化学药物治疗，对流行地区的儿童，患者家属以及麻风菌素反应均为阴性的密切接触者，可给予卡介苗接种，或给予有效的化学药物进行防治性治疗。

第十二章　气象与地质灾害

120 如何应对高温天气？

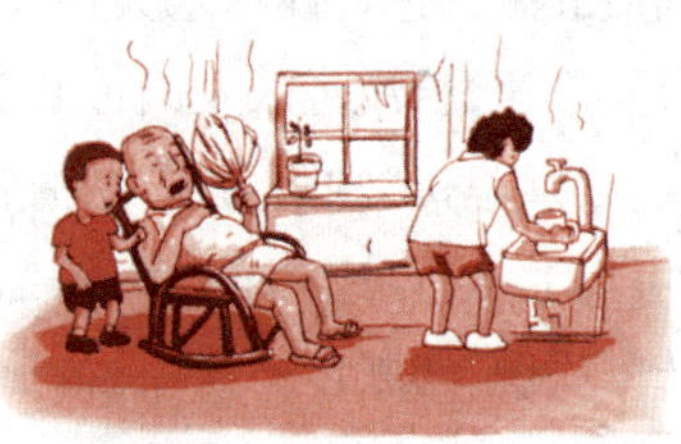

日最高气温达到35度（含35度）以上，就是高温天气。高温天气给人体健康、交通、用水、用电等方面带来严重影响。面对高温天气，饮食宜清淡，多喝凉白开水、冷盐水、白菊花水、绿豆汤等防暑饮品。保证睡眠，准备一些常用的防暑降温药品，如清凉油、十滴水、仁丹等。在高温条件下的作业人员，应采取防护措施或停止作业。白天尽量减少户外活动时间，外出要打伞、戴遮阳帽、涂抹防晒霜，避免强光灼伤皮肤。如有人中暑，应立即把病人抬到阴凉通风处，并给病人服用生理盐水或“十滴水”等防暑药品。如果病情严重，需送往医院进行专业救治。高温天气容易使人疲劳、烦躁和发怒，应注意调节情绪。室内利用空调降温时，温度不宜过低。大汗淋漓时，切忌用冷水冲澡，应先擦干汗水，稍事休息后再用温水洗澡。老人、体弱或者高血压、心肺疾病患者应减少活动，如有胸闷等症状应及时就医。

121 如何应对大风天气？

城市中，大风及其在建筑物之间产生的“强风效应”时常会刮坏房屋、广告牌和大树等，并会妨碍高空作业，甚至引发火灾。大风天气，在施工工地附近行走时应尽量远离工地并快速通过。不要在高大建筑物、广告牌或大树下方停留。及时加固门窗、围挡、棚架等易被风吹动的搭建物，妥善安置易被大风损坏的室外物品。机动车和非机动车驾驶员应减速慢行。立即停止高空、水上等户外作业；立即停止露天集体活动，并疏散人员。不要将车辆停在高楼、大树下方，以防玻璃、树枝等被吹落造成车体损伤。要密切关注火灾隐患，以免发生火灾时火借风势造成重大损失。留意天气预报，做好防风准备。老人和小孩切勿在大风天气外出。

122 面对沙尘暴我们该怎么办?

沙尘暴是指强风将地面大量的尘沙卷入空中,使空气特别浑浊,水平能见度小于1000米的灾害性天气。沙尘暴会造成空气质量恶化,影响人体健康和交通安全,破坏建筑物及公共设施,严重时会造成人员伤亡。出现沙尘暴天气,应及时关闭门窗,必要时可用胶条对门窗进行密封。外出时要戴口罩,用纱布蒙住头,以免沙尘侵害眼睛和呼吸道造成损伤。应特别注意交通安全,机动车和非机动车应减速慢行,驾驶员要密切注意路况,谨慎驾驶。妥善安置易受沙尘暴损坏的物品。发生强沙尘暴天气时不宜出门,尤其是老人、儿童及患有呼吸道过敏性疾病的人,平时要做好防风防沙的各项准备。

123 如何应对暴雨天气?

暴雨,特别是大范围的大暴雨或特大暴雨,往往会在很短的时间内造成城市内涝,使居民生命财产遭受损失,给城市交通带来严重影响。暴雨来临,要预防居民住房发生小内涝,可因地制宜,在家门口放置挡水板或堆砌土坎。室外积水侵入室内时，应立即切断电源，防止积水带电伤人。在户外积水中行走时，要注意观察，贴近建筑物行走，防止跌入窨井、底坑等。驾驶员遇到路面或立交桥下积水过深时要尽量绕行，避免强行通过。平时不要将垃圾、杂物丢入马路下水道，以防堵塞，积水成灾。家住平房的居民应在雨季来临之前检查房屋，维修房顶。暴雨期间尽量不要外出，必须外出时尽可能绕过积水严重的地段。在山区旅游时，注意防范山洪。若上游来水突然浑浊、水位上涨较快，需特别注意。

124　怎样预防雷击？

雷雨天气往往会产生强烈的放电现象，如果放电击中人员、建筑物或各种设备，常会造成人员伤亡和经济损失。雷电来临时，要注意关闭门窗，室内人员应远离门窗、水管、煤气管等金属物体。关闭家用电器，拔掉电源插头，防止雷电从电源线入侵。在室外时，要及时躲避，不要在空旷的野外停留。在空旷的野外无处躲避时，应尽量找低洼之处（如土坑）藏身，或者立即下蹲，降低身体的高度。远离孤立的大

树、高塔、电线杆、广告牌。立即停止室外游泳、划船、钓鱼等水上活动。如多人共处室外，互相之间不要挤靠，以防被雷击后电流互相传导。高大建筑物上必须安装避雷装置，防御雷击灾害。在户外不要使用手机。应立即对被雷击中的人员采取心肺复苏法抢救。雷雨天尽量少洗澡，太阳能热水器用户切忌洗澡。

125 如何应对海啸？

海啸就是由海底地震、火山爆发、海底滑坡或气象变化产生的破坏性海浪，海啸的波速每小时 700 ~ 800 千米，在几小时内就能横过大洋；波长可达数百公里，可以传播几千公里而能量损失很小；在茫茫的大海里波高不足一米，但当到达海岸浅水地带时，波长减短而波高急剧增高，可达数十米，形成含有巨大能量的“水墙”。海啸主要受海底地形、海岸线几何形状及波浪特性的控制，呼啸的海浪冰墙每隔数分钟或数十分钟就重复一次，摧毁堤岸，淹没陆地，夺走生命财产，破坏力极强。地震是海啸的一个天然预警信号。如果听到地震发生的消息，海啸也可能随之而来，此时千万不要在海岸停留。公众可通过广播或者电视获得更多信息。另外，如果发现海水异常并且快速后退，可能说明一场海啸已经在来的路上。这个时候，应立即前往地势较高的地方躲避。印度洋海啸之所以导致很多人死亡，是因为他们走下海滩，观察后退的海水。专家认为，发现海啸后，人们最多有5分钟时间撤离危险区域。海啸包含一系列海浪，最初的海浪并不具有最大的危险性。在最初的海浪抵达海岸之后，海啸的危险性仍会持续几小时。海啸波列可能以一系列海浪的形式出现，相隔时间在5分钟至1个小时之间。在此之前，海水会反复出现后退和向前推进。为了避免成为海啸的牺牲品，人们应一直远离危险区域，直到听到已经安全的消息。发生海啸时，航行在海上的船只不可以回港或靠岸，应该马上驶向深海区，深海区相对于海岸更为安全。此外，海啸波对海岸上的建筑物及其他设施的破坏力巨大，对沿海的建设和规划，都要作好相关的评估。保护好海岸的环境，沿岸的红树林、浅滩、绿化带对海啸波具有衰减的作用。海啸波的传播具有一定规律，海啸知识的宣传在关键时刻能够起到很大作用。如在海啸时不幸落水，要尽量抓住木板等漂浮物，同时注意避免与其他硬物碰撞。在水中不要举手，也不要乱挣扎，尽量减少动作，能浮在水面随波逐流即可。这样既可以避免下沉，又能够减少体能的无谓消耗。如果海水温度过低，不要脱衣服。尽量不要游泳，以防体内热量过快散失。不要喝海水。海水不紧不能解渴，反而会让人出现幻觉，导致精神失常，甚至死亡。尽可能向其他落水者靠拢，既便于互相帮助和鼓励，又因为目标扩大更容易被救援人员发现。人在海水中长时间浸泡，热量散失会造成体温下降。溺水者被救上岸后，最好能放在温水里恢复体温，没有条件时也应尽量裹上被、毯、大衣等保温。注意不要采取局部加温或按摩的办法，更不能给落水者饮酒，饮酒只能使热量更快散失。给落水者适当喝一些糖水有好处，可以补充体内的水分和热量。如果落水者受伤，应采取止血、包扎、固定等急救措施，重伤员则要及时送医院救治。要记住，及时清除落水者鼻腔、口腔和腹内的吸入物。具体方法是：将落水者的肚子放在你的大腿上，从后背按压，将海水等吸入物倒出。如心跳呼吸停止，则应立即交替进行口对口人工呼吸和心肺挤压。

126 如何应对大雾天气？

当大量微小水滴悬浮在近地层空气中，能见度小于1000米时就是大雾天气。它会给城市交通带来严重影响，容易造成交通事故。大雾天气时，城市中排放的烟尘、废气等有害物质容易在近地层空气中滞留，影响人体健康。面对大雾天气，机动车驾驶员应打开防雾灯，密切关注路况。行驶中要减速慢行，控制好车速、车距。在高速公路上行驶的车辆，遇大雾天气、能见度过低时，应立即减速慢行，并将车驶向最近的停车场或服务区停放。大雾天气出行，行人应注意交通安全，应戴上口罩，防止吸入对人体有害的气体。有呼吸道疾病或心肺疾病的人，大雾天不要外出。大雾天空气湿度大，电力设备的绝缘表面会发生击穿现象，可能会造成大面积停电。因此，家中应准备一些照明用具。不要在大雾天气时外出锻炼。

127 地震来临应该怎么办？

地震灾害的伤亡主要由建筑物倒塌造成，因此，地震发生时应反应迅速，及时采取保护自己的措施。住在平房的居民遇到地震时，若室外空旷，应迅速头顶保护物跑到屋外；来不及跑时可躲在桌下、床下及坚固的家具旁，并用毛巾或衣物捂住口鼻防尘、防烟。住在楼房的居民，应选择厨房、卫生间等开间小的空间避震；也可躲在内墙根、墙角、坚固的家具等易于形成三角空间的地方；要远离外墙、门窗和阳台；不要使用电梯，更不能跳楼。尽快关闭电源、火源。正在教室和工作场所，应迅速抱头、闭眼，在讲台、课桌、工作台和办公家具下面等地方躲避。正在市内活动时，应注意保护头部，迅速跑到空旷场地蹲下；尽量避开高大建筑物、立交桥，远离高压电线及化学、煤气工厂或设施。正在野外活动时，应尽量避开山脚、陡崖，以防滚石和滑坡；如遇山崩，要向远离滚石前进方向的两侧方向跑。正在海边游

玩时，应迅速远离海边，以防地震引起海啸。驾车行驶时，应迅速躲开立交桥、陡崖、电线杆等，并尽快选择空旷处立即停车。身体遭到地震伤害时，应设法清除压在身上的物体，并尽可能用湿毛巾等捂住口鼻防尘、防烟；用石块或铁器等敲击物体与外界联系，不要大声呼救，注意保存体力；设法用砖石等支撑上方不稳的重物，保护自己的生存空间。参加震后搜救时，应注意搜寻被困人员的呼喊、呻吟和敲击器物的声音，不可使用利器刨挖，以免伤人；找到被埋压者时，要及时消除其口鼻内的尘土，使其呼吸畅通；已发现幸存者但解救困难时，首先应输送新鲜空气、水和食物，然后再想其他办法救援。遇到地震要保持镇静，不要拥挤乱跑。震后应有序撤离。已经脱险的人员，震后不要急于回屋，以防余震。对于震动不明显的地震，不必外逃。遭遇震动较强烈的地震时，是逃是躲，要因地制宜。

128 如何应对泥石流？

泥石流是山地沟谷中由洪水引发的携带大量泥沙、石块的洪流。泥石流来势凶猛，而且经常与山体崩塌相伴随，对农田和道路、桥梁等建筑物破坏极大。发现有泥石流迹象，应立即观察地形，向沟谷两侧山坡或高地跑。逃生时，要抛弃一切影响奔跑速度的物品。不要躲在有滚石和大量堆积物的陡峭山坡下面，不要停留在低洼的地方，也不要攀趴在树上躲避。泥石流发生前的迹象为：河流突然断流或水势突然加大，并夹有较多柴草、树枝；深谷或沟内传来类似火车轰鸣或闷雷般的声音；沟谷深处突然变得昏暗，并有轻微震动感等。去山地户外游玩时，要选择平整的高地作为营地，尽可能避开河（沟）道弯曲的凹岸或地方狭小高度又低的凸岸。切忌在沟道处或沟内的低平处搭建宿营棚。当遇到长时间降雨或暴雨时，应警惕泥石流的发生。

129　突然遇到山坡崩塌怎么办？

崩塌易发生在陡峭的斜坡地段，崩塌常导致道路中断、堵塞，或坡脚处建筑物毁坏倒塌，如发生洪水还可能直接转化成泥石流。更严重的是，因崩塌堵河断流而形成天然坝，引起上游回水，使江河横溢，造成水灾。行车中遭遇崩塌不要惊慌，应迅速离开有斜坡的路段。因崩塌造成车流堵塞时，应听从交通指挥，及时接受疏导。雨季时切忌在危岩附近停留。不能在凹形陡坡、危岩突出的地方避雨、休息和穿行，不能攀登危岩。山体坡度大于 45 度或山坡成孤立山嘴、凹形陡坡等形状，以及坡体上有明显的裂缝，都容易形成崩塌。夏汛时节，人们在选择去山区峡谷郊游时，一定要事先收听当地天气预报，不要在大雨后、连阴雨天进入山区沟谷。

第十三章 非法侵害事件

130 如何应对街头抢劫？

抢劫是指用暴力夺取他人财物的违法犯罪行为。有时歹徒甚至持有武器结伙或连续作案，致使被害人及群众产生恐惧感，社会危害性较大。在人员密集地区遭到抢劫，被害人应大声呼救，震慑犯罪分子，同时尽快报警。在僻静地方无力抵抗的情况下，应放弃财物，保全人身，待处于安全状态时，尽快报警。应尽量记住歹徒人数、体貌特征、所持凶器、逃跑车辆的车牌号及逃跑方向等情况，同时尽量留住现场证人。骑车时，如自行车突然骑不动，要先抓牢车筐内的物品或背好包后，再下车查看。到银行存取大额款项时应有人陪同，最好能以汇款方式代替提取大额现金；输入密码时，应防止被他人窥探；不要随手扔掉填写有误的存、取款单；离开银行时，应警惕是否有可疑人员尾随。老人及少年儿童不要随身携带贵重物品和大额现金。驾车外出时应随手将车门锁按下，尽量关闭车窗，勿将皮包或现金任意置于车内视线不能及的位置，以防犯罪分子“拍车门”盗窃。如车胎出现异常，将车停靠在路边后，注意周围是否有可疑人或车辆尾随，下车查看时应锁好车门。

131 如何应对入室盗窃与抢劫?

入室盗窃、抢劫同街头盗窃、抢劫相比具有隐蔽性，因此更容易造成受害人较大的财物损失，甚至对其生命安全构成直接威胁。夜间遭遇入室盗窃，应沉着应对，能力许可时可将犯罪嫌疑人制服，或报警求助。千万不能一时冲动，造成不必要的人身伤害。家中无人时遭遇盗窃，发现后应及时报警，不要翻动现场。遭遇入室抢劫，受害人应放弃财物，以确保人身安全。遭遇入室抢劫，应尽量与犯罪嫌疑人周旋，找时机脱身；尽量记住犯罪嫌疑人的人数、体貌特征、所持凶器等情况，待处于安全状态时尽快报警。不要受街头骗子的蛊惑，为贪图小便宜而将陌生人带回家。老人和儿童独自在家时，应锁好房门，不接待任何客人。采取正当防卫时应有限度，防卫过当也需承担法律责任。要增强自我防范意识，保

护好所有私人信息，不要在公共场合夸大、炫耀自我或家庭财富。

132 遭遇绑架怎么办？

绑架是指以勒索财物为目的，使用暴力、胁迫或麻醉等方法，劫持要挟人质或他人的犯罪行为。被绑架的人质应尽量保持冷静，尽可能了解自己所处的位置。如被蒙住双眼，可通过计数的方式，估算汽车行驶的时间和路途的远近，记住拐弯的次数、大致的方向等。在确保自身不会受到更大伤害的情况下，尽可能与犯罪嫌疑人巧妙周旋，如利用犯罪嫌疑人准许人质与亲属通话的时机，巧妙地将自己所在的位置、现状、犯罪嫌疑人等情况告诉亲属；采取自救措施时，要选择好时机，在确保自身安全的情况下逃脱。逃脱后，要立即向警方报案，并提供人质的年龄、体貌特征、生活习惯、活动规律、随身携带物品、手机号码、车辆及近期的照片；案件发生前后是否有嫌疑人、可疑电话或可疑车辆等情况；案发后，犯罪嫌疑人以什么方式与亲属联系，使用的电话号码，犯罪嫌疑人要求家属做些什么事等。人质亲属应按照警方的提示与犯罪嫌疑人保持联系，根据警方制定的解救方案，协助警方开展解救行动，不要自行主张。被绑架人质亲属报案时，应采取隐蔽方式。人质本人和亲属在与犯罪嫌疑人接触或通电话时，要机智地周旋，不要激怒对方。

133 如何应对恐怖袭击？

目前恐怖袭击大致可分为四类：砍杀，纵火，爆炸，枪击。应对砍杀，首先不能惊慌，看有什么可利用的资源，如木棍、砖头等，恐怖分子所携武器多为短兵器，必须靠近才能攻击，因此，长兵器如木棍等比较能够克制砍刀类，同时团结身边群众结成人群，如果每人手中有根木棍，你基本安全了。如果不巧只有你一个人而身边又无合适的资源，那么男性可以抽出皮带、女性可以使用自己的皮包作为武器拒敌，同时还要大声呼喊鼓励身边人群不要害怕，只要多一人，恐怖分子胆气一泄就无法行凶。其实就如同冷兵器时代作战一样，勇气、团结是制胜的法宝，只要做到上述应对行为，恐怖分子的阴谋很难得逞。面对纵火袭击，首先要判断所在地点，如果在开阔地区，要远离可能引起爆炸的建筑或物体，例如加油站、汽车等，并且尽量在火焰的上风处，躲避蔓延火势，同时查看身边是否有能够灭火的器材。如果身在密室内，要判断形势，想好逃生路线，用湿毛巾捂住

口鼻弯腰低头，寻找最近的安全通道，切不可惊慌而跳楼逃生。同时收集一些楼道内的消防器材如消防斧、灭火器等以备不时之需。面对纵火袭击，如果自己身上沾染了可燃物，切记不可用手拍打，这样会将火苗带到身上各处，最好的办法是将燃烧的衣服扔掉，断绝火源。纵火类袭击多使用汽油，且有可能在其中添加其他物质，因此附着力、燃烧性强，如果沾到皮肤上，最好的办法是绝氧灭火，滚地灭火只针对一般的灭火，汽油火焰用这种方法只会加速伤害和全身火势蔓延，根本起不到灭火作用。另外，如果看见身上着火的人千万不要试图营救，第一你没有这个技能和知识去帮助别人，第二浑身燃烧的人由于极度恐慌会直接扑向救人者，结果就是两人都被点燃葬身火海。总之遇到纵火袭击一定要因地制宜，不可慌乱，隔绝火源快速逃离现场。遇到爆炸袭击时，首先要跪地弯腰抱头，尽量辩明爆炸来源，如果有一定知识，还可以从爆炸产生的火焰、声音方面大致猜测是哪种爆炸物爆炸，辨明爆炸产生方向后尽可能地弯腰迅速远离爆心，同时还要躲避有可能产生二次爆炸的物品，如可疑背包、垃圾箱、车辆等。当爆炸发生时，切勿直接趴在地面上，由于爆炸产生的震波会沿地面快速传播，如果趴在地上将腹部贴地，爆炸式的震波将会沿肚皮传导到内脏，造成内脏受损，严重的可能引发大出血。也不可直接起身就跑，人体在站立时被弹面呈最大化，爆炸产生的碎片高速飞行威力甚至超过子弹。因此按以上叙述，应先跪地弯腰抱头，然后快速弯腰移动远离爆心寻找合适掩护体，等待救援。遇到枪械袭击，首先一定要立刻卧倒在地上，站立只会让你成为一个绝佳的目标。然后观察环境，寻找枪手，但千万不要过长时间盯着，这样会让恐怖分子认为你有威胁，进而向你开枪。知道了枪手位置就要寻找逃脱路线，不能选过于空旷的、没有掩护物的路线，应是既能躲避射击又能远离该地的路线，切勿寻找死胡同，如房屋等。选择的路线要有掩护物，如汽车、水泥墩等，这类物体体积大，关键能阻挡子弹的穿透，在两个掩护物之间距离要尽可能短。接下来要仔细听恐怖分子的枪声判断其子弹数量，在其换弹夹时移动是比较安全的方法。移动时尽量动作轻，不引起恐怖分子的注意。还有千万不要贴墙而行，因为子弹击中墙壁后会沿墙壁小角度飞行，这时如果沿墙壁移动很可能被这种子弹击中。在快速移动到认为安全的地点后，并不是说一定安全了，枪战的战场是在时刻移动的，要尽快远离危险区域，越远越好。记住，手枪子弹能打100 米，步枪可以射击400 米，必须有足够的距离才能保证安全。面对恐怖袭击，最重要的是保持一颗沉稳的心，不慌不乱，沉着应对，冷静面对形势，合理利用资源，这才是能够逃生的不二法门。

第十四章 公共场所突发情况

134 球场发生骚乱事件怎么办？

观看足球、篮球等大型比赛时如果发生骚乱，极易发生群死群伤的严重事件以及不良的社会影响。发生球场骚乱时，应避免在看台上来回走动，要迅速有序地向自己所在看台的安全出口移动。周围人群处在混乱时，不要盲目跟随移动，应选择安全地点停留（如待在自己座位上），以保证自己不被挤伤。注意观察活动现场情况和识别警示标志，做到心中有数；要有意识地了解现场安全通道和出入口的位置，在发生危险时要尽快从最近的安全出口撤离。远离栏杆，以免栏杆被挤折而伤及自身。疏散时要特别注意礼让身边的老人、儿童、妇女等弱势群体，并保证疏散有序。应自觉遵守球场规定，维护赛场秩序。遇到少数人起哄、煽动闹事等情况不要盲目跟从。看台都有一定的坡度，所以遇到球场骚乱时，千万不要拥挤，以免造成人员伤亡事故。

135 如何应对公共场所遇到的险情？

在人员众多的场所，一旦发生混乱，后果不堪设想，所以，在人员稠密的公共场所，如灯会、公园、商场、体育场馆、歌舞厅、网吧等，应避免造成局部区域人员过于拥挤的现象。这些场所发生拥挤或遇到紧急情况时，应保持镇静，在人少等相对安全的地点短暂停留。注意观察周围地形，寻找安全通道或应急出口的标志，确定自己的位置，随时作好疏散准备。注意收听广播，服从现场工作人员的引导，尽快从就近的安全出口有序撤离，切勿逆着人流行进或抄近路。撤离时要注意照顾老人、妇女、儿童，为他们疏通道路。进入公众场所时，要提前观察好安全通道、应急出口的位置。参加户外大型活动时，要提前观察该活动区域的地形，尽量远离不安全区域，跟随客流有序行进。切勿堵塞安全门，或在安全通道上堆积杂物，确保消防设施完备，符合应急要求。

136 如何应对人员密集场所发生拥挤踩踏事故？

人员密集场所发生拥挤踩踏事故后，一方面赶快报警，

等待救援，另一方面在医务人员到达现场前，抓紧时间用科学的方法开展自救和互救。在救治中，要遵循先救重伤者、老人、儿童及妇女的原则。判断伤势的依据有：神志不清、呼之不应者伤势较重；脉搏急促而乏力者伤势较重；血压下降、瞳孔放大者伤势较重；有明显外伤，血流不止者伤势较重。当发现伤者呼吸、心跳停止时，要赶快做人工呼吸。专家提醒，在那些空间有限、人员相对集中的场所，例如球场、商场、狭窄的街道、室内通道或楼梯、影院、酒吧、夜总会、宗教朝圣的仪式上、彩票销售点、超载的车辆、航行中的轮船等都隐藏着潜在的危险，当身处这样的环境中时，一定要提高安全防范意识。当发现前面有人突然摔倒后，旁边的人一定要大声呼喊，尽快让后边的人群知道前方发生了什么事，否则，后面的人群继续向前拥挤，就非常容易发生踩踏事故。如果此时你正带着孩子，要尽快把孩子抱起来，因为儿童身体矮小，气力小，面对拥挤混乱的人群，极易出现危险。面对混乱的局面，良好的心理素质是顺利逃生的重要因素，争取做到遇事不慌，否则大家都争先恐后往外逃的话，可能会加剧危险，甚至出现谁都逃不出来的惨剧。

137 人防工程出现险情怎么办？

地下人防工程是封闭的，一旦发生火灾，高温、烟雾或毒气会迅速充满地下空间；另外还会因排水不畅造成雨水倒灌；早期人防工程较易发生下沉、坍塌事故。在人防工程内遇到火灾，应用衣物、手帕等捂住口鼻，低姿、快速有序地沿着地面或侧墙有安全疏散指示的方向疏散。若被火困在人防工程内，应通过不断敲打水管或打电话等方法进行呼救；在有采光窗井的地方，也可进入窗井向外界呼救。发生险情后应听从工作人员的指挥调动。人防工程如发生倒灌，应及时关闭下水管阀门。平时要注意检查人防工程的烟火报警器，保证其功能有效，还要有防火隔离区可供避火。汛前应清理人防工程周边地区排水沟的杂物，保证排水通道畅通。早期人防工程结构材质较差，一旦发生下沉、坍塌，应立即远离出险位置。建在地下人防工程上的平房区居民房屋出现下沉或结构变形时，要立即组织该地区人员撤离。

138 地铁中遇到紧急情况怎么办？

乘客应该在进入地铁以后，对车厢内的报警装置特别留意。报警装置是为发生紧急情况而设置的，通常装在一节车厢两端的侧墙上方。乘客在选择按响报警之前，最好对事态进行初步判断，如果不是特别紧急的情况，大部分事故应该等列车行驶到站台后再解决为合理。比如在车厢内遇到紧急情况，可以先拨打120急救电话，这样列车停靠站台后更容易处理问题。人们在站台上等候乘车时，一定要站在黄色安全线以内，尤其是在上下班高峰期和节假日乘车时，当站台人群比较拥堵时注意观察四周情况，以免发生坠落或者被人挤下站台等意外。为地铁提供动力的接触轨携带750伏的高压电，位于靠近站台一侧，上面覆盖有木板。在地铁发生意外坠落的人中，因往站台上攀爬或者采取其他自救行动时碰到接触轨而触电死亡的事故屡见不鲜。因此，专家提醒广大乘客，万一发生意外，不论情况多么紧急，首先要镇定，留意接触轨以免触电。

第十五章　动物疫情

139 发生高致病禽流感怎么办?

高致病禽流感是在鸡、鸭、鹅等禽类之间传播的急性传染病,在特殊情况下,也可以感染人类。疫情发生时,尽量避免接触异常死亡的禽类。处理死亡家禽时,应穿防护衣,戴手套和口罩,事后马上消毒或用肥皂洗手。接触禽类后,如出现发烧、头痛、发冷、哆嗦、浑身疼痛无力、喉咙痛、咳嗽等症状,且48小时内不退烧者,应马上到医院就诊。禽类工作人员应及时接种禽流感疫苗,并对工作场所彻底消毒。发生禽流感疫情时,采取强制性扑杀等措施,养殖户应积极配合。加工食品时,应生熟分开。烹制过程中,应煮熟煮透,不吃生的或半生的禽肉、禽蛋。因为禽流感病毒不耐热,加热到60度并保持10分钟,加热到70度并保持数分钟,即可使其丧失活性。不买来路不明的禽类及其产品,购买时应索取检疫证明。野生禽类容易感染、传播禽流感,因此,不要进食野生禽类。饲养野禽、鸽子等禽类，需对笼舍定期消毒，防止家禽与野生禽鸟接触。禽类与猪不能混养。如果发现鸡、鸭、鸽子等禽鸟突然大量发病或不明原因死亡，应尽快报告动物检疫部门，及时进行诊断并采取必要的隔离、消毒等措施。12 岁以下的儿童极易受到感染，应尽量避免其触摸禽类动物。多吃富含维生素 C 的食物或果品，有助于增强抗病力。

140 发生口蹄疫如何应对?

口蹄疫是一种急性、烈性、高度接触性传染病，主要感染牛、羊、猪等偶蹄动物。人类对口蹄疫病毒也具有一定的易感性。发现牛、羊、猪等偶蹄动物的口腔、蹄印和乳房等处皮肤有水疱和溃烂，出现流涎和跛行，应立即报告动物检疫部门。与患病动物接触后出现眩晕、四肢和背部疼痛、胃肠痉挛、呕吐、咽喉疼、吞咽困难、腹泻等症状，应立即到医院就诊。奶牛、奶羊患病，其乳汁不能食用。国家对口蹄疫实行强制免疫，兽医部门定期为偶蹄动物接种疫苗。从外地引进的偶蹄动物，必须来自非疫区，具有检疫证明，同时必须隔离饲养至少两周，确认动物健康后方可混群饲养。发现疑似口蹄疫疫情，必须及时报告动物检疫部门。要注意个人防护，尽量避免接触病患动物。

第十六章　特殊伤害

141 如何避免危险化学品的伤害?

危险化学品是指具有爆炸性、易燃性、毒性、腐蚀性的化学物品。常见的危险化学品有笨、液化气、汽油、甲醛、氨水、二氧化硫、硫化氢、农药、液氯等。这些危险品会使人眼睛刺痛、流泪不止、头晕恶心、胸闷和呼吸困难等,严重者可窒息

死亡。日常工作生活中发现被遗弃的化学品，不要捡拾，应立即拨打报警电话，说清具体位置、包装标志、大致数量以及是否有气味等情况。要立即在事发地点周围设置警示标志，不要在周围逗留。严禁吸烟，以防发生火灾或爆炸。遇到危险化学品运输车辆发生事故，应尽量离开事故现场，撤离到上风口位置，不围观，并立即拨打报警电话。其他机动车驾驶员要听从工作人员的指挥，有序地通过事故现场。居民小区施工过程中挖掘出有异味的土壤时，应立即拨打报警电话说明情况，同时在其周围拉上警戒线或树立警示标志。在异味土壤清走之前，周围居民和单位不要开窗通风。

142 怎样预防放射源的伤害?

放射源指的是密封在容器中或有严密包层的固体放射性材料。放射源发射出的射线，人们看不见、闻不到、摸不着。它具有一定的能量，能破坏细胞组织，对人体造成伤害。识别放射源除了根据标签、标志和包装外，一定要由有经验的专业人员使用专业的仪器来确认。发现无人管理的标有电离辐射标志的物体，或用铅、钢、石蜡等制成的圆柱形或球形物体时，千万不要擅自移动，不要打开，不要捡回家中或卖给废品收购站。发现无人管理的闪闪发光的金属物品或金属链等不明物体时，要迅速远离现场，千万不要移动这些物品,不要捡回家中。在可疑物体附近应设立标志,警示他人不要靠近,并立即打电话告知环保部门或公安部门。平时不要进入有放射性警示标识的地方。防止或减少放射源对人体的伤害,有三种防护手段:一是距离防护。距离放射源越远,受到的伤害就越小。二是屏蔽防护。选取适当的屏蔽材料(如混凝土、铁或铅等)遮挡放射源发出的射线。三是时间防护。尽可能减少与放射源接触的时间。

143 如何应对核电站发生的泄漏等威胁?

核电站又称核电厂,指用铀、钚等做核燃料,将它在裂变反应中产生的能量转变为电能的发电厂。核电站由核岛(主要是核蒸汽供应系统)、常规岛(主要是汽轮发电机组)和电厂配套设施三部分组成。为了保护核电站工作人员和核电

站周围居民的健康，核电站的设计、建造和运行均采用纵深防御的原则，从设备、措施上提供多等级的重叠保护，以确保核电站对功率能有效控制，对燃料组件能充分冷却，对放射性物质不发生泄漏。纵深防御的原则包括五层防线。第一层防线：精心设计、制造、施工，确保核电站有精良的硬件环境。建立周密的程序、严格的制度，对核电站工作人员进行高水平的教育和培训，使其具有完备的软件环境。第二层防线：加强运行管理和监督，及时正确处理异常情况，排除故障。第三层防线：在严重异常情况下，反应堆能进行正常的控制和保护系统动作，防止设备故障和人为差错造成事故。第四层防线：发生事故时，启用核电站安全系统包括各外设安全系统，加强事故中的安全管理，防止事故扩大，保护反应堆厂房安全壳。第五层防线：万一发生极不可能发生的事故并伴有放射性外泄，启用场内外应急响应计划，减轻事故对周围居民和环境的影响。安全保护系统均采用独立设备和冗余布置，均备有事故电源，安全系统可以抗地震和在蒸汽—空气及放射性物质的恶劣环境中运行。核电站运行人员须经严格的技术和管理培训，通过国家核安全局主持的资格考试，获得国家核安全局颁发的运行值岗操作员或高级操作员执照才能上岗，无照不得上岗。执照在规定期内有效，过期后必须申请核发机关再次审核。万一发生了核外泄事故，应启动应急计划，应急计划的内容主要包括：疏散人员，封闭核污染区（核反应堆及核电站），清理核污染，以保证人身安全和环境清洁。

144 如何应对脏弹袭击？

脏弹的正式名称叫“散布放射性装置”，是一种大范围传播放射性物质的武器。它不产生核爆炸，但可以引起放射性颗粒的广泛传播，对人体造成伤害。在遭到脏弹袭击时，应留在屋里或迅速躲进屋里，最好是到地下室，并关闭门窗和其他通风系统，等到可以安全离开时再出去。应远离爆炸区域，如果可能，最好停留在上风方向，因为放射性颗粒会顺风而下。不要吃被污染的食物，不要喝被污染的水，以防间接摄入放射性物质。如果身体受到污染，应大量饮水，以使某些放射性物质尽快排出体外。遇到脏弹袭击时，不要恐慌、混乱，要听从专业人员指挥。在袭击过后，非专业人员不要前往污染严重的地区。

第十七章 急救常识

145 如何掌握并正确使用心肺复苏法？

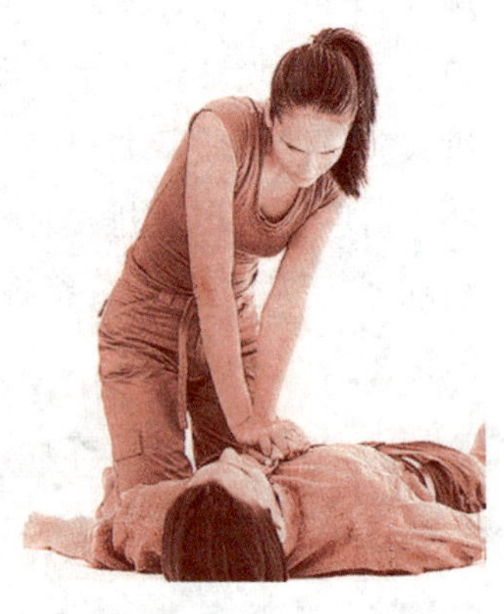

猝死、溺水、触电、窒息、中毒、失血过多时，常会造成心脏停跳。如果抢救不及时或抢救方法不得当，极易产生不良后果。此时，运用心肺复苏发（包括人工复苏法和胸外心脏按压法）抢救病人至关重要。任何急救开始的同时，均应及时拨打急救电话。抢救前，施救者首先要确保现场安全，确定病人呼吸、脉搏确实停止后再施行救助。施救者先使病人仰面平卧于坚实的平面上，然后自己的两腿自然分开，与肩同宽，跪于病人肩与腰之间的一侧。人工呼吸法主要包括：口对口人工呼吸、口对鼻人工呼吸、口对口鼻人工呼吸等方法。采取口对口的施救时，如病人口中有异物，首先清除，开放气道，再以一只手按住病人的前额，另一只手的食指、中指将其下颏托起，使其头部后仰；压额手的拇指、食指捏住病人鼻孔，吸足一口气后，用口唇严密地包住病人的口唇，以中等力量将气吹入病人口内，不要漏气；当看到病人的胸廓扩张时停止呼气，离开病人的口唇，松开捏紧病人鼻翼的拇指和食指，同时侧转头吸入新鲜空气，再施二次吹气。再次吹气时间：成人 2 秒钟，儿童 1 至 1.5 秒钟。胸外心脏按压法：施救者以靠近病人的下肢手（定位手）的中指沿病人的肋缘自下而上移动至肋缘交汇处（剑突），伸出食指与中指并排，另一手掌根置于两指旁，再以定位手叠放于这只手的手背上，手指相扣，贴腕跷指，手指跷起勿压胸肋，以膝关节为轴用力，肘关节伸直向下压（垂直用力），手掌下压深度为 3.5 至 4.5 厘米，每分钟约做 100 次。胸外心脏按压法与人工呼吸法应交替进行，比例为：单人进行复苏 30:2，也就是说，心脏按压 30 次，吹气两次，反复做；双人进行复苏 30:2，也就是说，一人做 30 次心脏按压另一人吹气两次，反复做。心脏骤停时间不长时（3 至 4 分钟内）可进行心肺复苏法。实施心肺复苏法时，应将病人仰卧在平地或硬板上。进行胸外心脏按压时，只用掌根部，手指不要压病人胸肋，以免造成肋骨骨折。有条件时最好请专业人士操作。施救者在体力允许条件下，应连续对病人实施心肺复苏法，尽量不要停止，直到病人恢复呼吸、脉搏，或由专业急救人员到达现场。

146 急救当中常用的止血方法有哪些？

急救当中常用的止血方法有压迫止血法、止血带止血法、加压包扎止血法和加垫屈肢止血法等。压迫止血法适用于头颈、四肢、动脉大血管出血的临时止血。当一个人负了伤以后，要立即用手指或手掌用力压紧靠近心脏端的动脉跳动处，并把血管紧压在骨头上，就能很快取得临时止血的效果。止血带止血法用于四肢大血管出血，尤其是动脉出血。用止血带（一般用橡皮管，也可用纱布、毛巾、布带或绳子代替）绕肢体绑扎打结固定，或在结内（或结下）穿一根短木棍，转动此棍，绞紧止血带，直到不流血为止，然后把棒固定在肢体上。在绑扎和绞止血带时，不要过紧或过松，过紧会造成皮肤和神经损伤，过松则起不到止血的作用。加压包止血法适用于小血管和毛细血管的止血。先用消毒纱布（如果没有消毒纱布，也可用干净的毛巾）敷在伤口上，再加上棉花团或纱布卷，然后用绷带紧紧包扎，以达到止血的目的。假如伤肢有骨折，必须先用夹板进行固定。加垫屈肢止血法多用于小臂和小腿的止血。它利用肘关节或膝关节的弯曲功能压迫血管以达到止血目的。在肘窝或膝窝内放入棉垫或布垫，然后使关节弯曲到最大限度，再用绷带将前臂与上臂（或小腿与大腿）固定。假如伤肢有骨折，也必须用夹板进行固定。

147 急救当中头部面部外伤常采用什么方法包扎？

急救当中，头部、面部外伤常采用的包扎方法有头面部风帽式包扎法、头顶式包扎法、面部面具式包扎法和单眼包扎法。头面部风帽式包扎法，头部、面部都有伤可用此法。先在三角巾顶角和底部中央各打一个结，形成风帽一样的形状。把顶角结放在前额处，底结放在后脑部下方，包住头顶，然后再将两顶角往面部拉紧，向外反折成三四指宽，包扎下颌，最后拉至后脑枕部打结固定。头顶式包扎法，外伤在头顶部可用此法。把三角巾底边折叠两指宽，中央放在前额，顶角拉向后脑，两底角拉紧，往两耳上方绕到头的后枕部，压着顶角，再交叉返回前额打结。如果没有三角布，也可改用毛巾。先将毛巾横盖在头顶上，前两角反折后拉到后脑打结，后两角各系一根布带，左右交叉后绕到前额打结。面部面具式包扎法，先在三角巾顶角打一结，使头向下，提起左右两个底角，形式像面具一样，再将三角巾顶角套住下颌，罩住头面，底边拉向后脑枕部，左右角拉紧，交叉压在底边，再绕到前额打结。包扎后，可根据情况在

眼和口鼻处剪开小洞。单眼包扎法,如果眼部受伤,可将三角巾折成四横指宽的带形,斜盖在受伤的眼睛上。三角巾长度的三分之一向上、三分之二向下,下部的一端从耳上绕到前额,压住眼上部的一端,然后将上部的一端向外翻转,向脑后拉紧,与另一端打结。

148 急救当中四肢外伤如何包扎?

在急救当中,四肢外伤的包扎方法有手足部受伤的三角巾包扎法、三角巾上肢包扎法。手足部受伤的三角巾包扎法,将手掌(或脚掌)心向下放在三角巾的中央,手(脚)指朝向三角巾的顶角,底边横向腕部,把顶角折回,两底角分别围绕手(脚)掌左右交叉压往顶角后,在腕部打结,最后把顶角折回,用顶角上的布袋固定。三角巾上肢包扎法,如果上肢受伤,可把三角巾的一底角打结后套在受伤的那只手臂的手指上,把另一底角拉到对侧肩上,用顶角缠绕伤臂,并用顶角上的小布带包扎。然后把受伤的前壁弯曲到胸前,成近直角形,最后把两底角打结。此外,还有毛巾包扎法,将毛巾一角打结对准中指,用另一角包住手掌,再围臂螺旋形用系带打结固定。还有足部靴式包扎法,把毛巾放在地上,脚尖对准毛巾一角,将毛巾另一角围脚背压脚跟下,用另一角围脚部螺旋包扎,呈螺旋上绕尽端系带扎牢。

149 急救当中如何搬运伤员？

搬运伤员是救护的一个非常重要的环节，如果搬运不当，可使伤情加重，加大治疗难度。因此，搬运伤员时应十分小心。一是扶、抱、背搬运。单人扶着行走：左手拉着伤员的手，右手扶住伤员的腰部，慢慢行走。此法适用于伤员伤势较轻、神志清醒时。肩膝手抱法：伤员不能行走，但上肢还有力时，可让伤员的手钩在搬运者的颈上。此法禁用于脊椎骨折的伤员。背驮法：先将伤员支起然后背着走。双人平抱着走：两个搬运者站在两侧，抱起伤员。二是几种伤情搬运。脊柱骨折搬运：用木板做的硬担架，由 2 至 4 人抬，使伤员成一线起落，步调一致。切忌一人抬胸、一人抬腿。要让伤员平躺，腰部要垫件衣服，然后用 3 至 4 根皮带把伤员固定在木板上。颅脑伤昏迷搬运：把伤者放在担架上应采取半卧位，头部侧向一边，以免呕吐时呕吐物阻塞气管而窒息。搬运时要有两人重点保护头。颈椎骨折搬运：搬运时，应由一人稳定头部，其他人以协调力量平直抬担架，在头部左右两侧用衣物、软枕加以固定。腹部损伤搬运：严重腹部损伤者，多有腹部器官从伤口脱出，可采用布带、绷带将其固定。搬运时采取仰卧位，并使下肢屈曲。

图书在版编目(CIP)数据

应急避险/《应急避险》编委会编. —北京:中国书籍出版社,2015.6
ISBN 978-7-5068-4983-8

Ⅰ. ①应… Ⅱ. ①应… Ⅲ. ①灾害—自救互救—基本知识 Ⅳ. ①X4

中国版本图书馆 CIP 数据核字(2015)第 138166 号

应急避险

本书编委会 编

责任编辑 李 静
责任印制 孙马飞 马 芝
封面设计 管佩霖
出版发行 中国书籍出版社
地 址 北京市丰台区三路居路 97 号(邮编:100073)
电 话 (010)52257143(总编室) (010)52257153(发行部)
电子邮箱 chinabp@ vip. sina. com
经 销 全国新华书店
印 刷 青岛新华印刷有限公司
开 本 787 毫米×1092 毫米 1/32
字 数 110 千字
印 张 5.75
版 次 2016 年 1 月第 1 版 2016 年 1 月第 1 次印刷
书 号 ISBN 978-7-5068-4983-8
定 价 18.00 元